储能科学与技术丛书

电池储能系统调频技术

李建林　黄际元　房　凯　梁　亮

王明旺　惠　东　杨水丽　孙冰莹

孙　威　程　伟　李海峰　牛　萌　编著

李　蓓　谢志佳　修晓青　靳文涛

胡　娟　杜笑天　陈远扬　庞　博

机械工业出版社

本书通过对电池储能系统参与电力调频的可行性与价值进行分析，确定此项技术具有广阔的应用前景；研究的电池储能系统参与电力调频的协调控制问题、电池储能系统参与调频的容量配置方法，可为储能参与电力调频的示范与产业化工程夯实基础；针对典型的调频示范工程进行介绍，提出了电池储能系统替代某传统调频机组参与电力系统调频的方案设计，为电池储能系统应用于调频领域的方向、规划与建设提供了有力的支撑。

本书适合与智能电网相关的储能科研、规划、设计与运行工程师，以及高等院校从事储能与应用的教师与研究生阅读。

图书在版编目（CIP）数据

电池储能系统调频技术/李建林等编著 . —北京：机械工业出版社，2018. 9（2025. 1 重印）

（储能科学与技术丛书）

ISBN 978-7-111-60830-1

Ⅰ. ①电…　Ⅱ. ①李…　Ⅲ. ①电池容量-研究　Ⅳ. ①TM911

中国版本图书馆 CIP 数据核字（2018）第 210524 号

机械工业出版社（北京市百万庄大街 22 号　邮政编码 100037）

策划编辑：付承桂　　　　　责任编辑：任　鑫
责任校对：郑　婕　张　薇　封面设计：鞠　杨
责任印制：单爱军

北京虎彩文化传播有限公司印刷

2025 年 1 月第 1 版第 5 次印刷

169mm×239mm · 8. 75 印张 · 2 插页 · 176 千字

标准书号：ISBN 978-7-111-60830-1

定价：69. 00 元

电话服务　　　　　　　　　网络服务

客服电话：010-88361066　　机 工 官 网：www.cmpbook.com

　　　　　010-88379833　　机 工 官 博：weibo. com/cmp1952

　　　　　010-68326294　　金 书 网：www.golden-book.com

封底无防伪标均为盗版　　机工教育服务网：www.cmpedu.com

前　言

　　我国的调频电源主要为火电机组，通过调整机组有功出力，跟踪系统频率变化。但是火电机组响应时滞长、机组爬坡速率低，不能准确跟踪电网调度的调频指令，存在调节延迟、调节偏差和调节反向等现象。此外，火电机组频繁变换功率运行，会加重机组设备疲劳和磨损，影响机组的运行寿命。比较而言，水电机组响应较快，可以在几秒内达到满功率输出。但水电机组的建设受地理条件的限制，整体可提供的调频容量较为有限，亟须新的调频手段以满足电网调频要求。

　　电池储能系统响应速度快，短时功率吞吐能力强，调节灵活，可在毫秒至秒内实现满功率输出，在额定功率内的任何功率点实现精准控制。相关研究表明，持续充/放电时间为 15min 的储能系统，其调频效率约为水电机组的1.4 倍、燃气机组的 2.2 倍、燃煤机组的 24 倍。电池储能系统与常规调频电源相结合，可有效提升电力系统调频能力，也可独立作为调频电源参与电网的调频服务，弥补大量可再生能源接入电网带来的频率偏差问题，提高电网的电能质量和系统稳定性，同时降低有害气体排放。

　　2016 年 6 月国家能源局下发了《国家能源局关于促进电储能参与"三北"地区电力辅助服务补偿（市场）机制试点工作的通知》，首次给予电储能设施参与辅助服务的独立合法地位。2017 年 9 月，国家发展改革委联合财政部、工业和信息化部、科学技术部和国家能源局发布《关于促进储能技术与产业发展的指导意见》，指出"允许储能系统与机组联合或作为独立主体参与辅助服务交易"，储能参与电力调频辅助服务市场机制初步建立。2017 年以来，山东、新疆等多省份陆续发布并更新了电力辅助服务市场运营规则。电力调频辅助服务补偿费用持续增长。各省的新政中多次出现储能，储能在电力调频辅助服务中的重要地位逐渐凸显。

考虑到当前电池储能辅助参与电力调频需求较为迫切，但专题介绍电池储能调频技术的书籍较少，特编写了本书。书中较为全面地介绍了电池储能系统参与电力调频的可行性与应用价值，明确了电池储能系统在电力调频领域的重要意义，研究了电池储能系统辅助传统机组调频的协调控制策略，提出了电池储能系统参与调频的容量配置方法，并针对典型的储能调频示范案例，探讨了电池储能系统辅助传统调频机组参与电力调频的典型设计方案，为储能参与电力调频的商业化应用与示范提供了理论依据与技术保障。

本书共分7章，主要从以下几个方面展开介绍：为何需要电池储能系统参与辅助调频；电池储能系统参与电力系统调频的可行性分析；国内外电池储能系统参与电网调频的典型示范工程介绍；电池储能系统参与电力系统调频服务的控制方法与经济性研究；电池储能系统参与电网调频的优化规划与运行控制；电池储能系统替代某传统调频机组参与电力系统调频的方案设计。

本书得到了国网江西省电力有限公司科技项目（52182020008K），宁夏自然科学基金项目（2021AAC03499）的支持，在此表示诚挚的感谢。

电池储能辅助电力系统调频技术涉及多学科、多领域的专业知识，尽管编者竭力求实，但受到水平和专业领域及时间所限，书中难免存在错误和不妥之处，恳请读者不吝赐教。

编　者

目　录

第1章 绪 论

1.1 背景及意义

集中发电、远距离输电和大电网互联的电力系统供电量占全世界总量的90%，是目前电能生产、输送和分配的主要方式。为应对日益紧迫的能源安全和环境恶化问题，我国政府于2009年11月提出"到2020年非化石能源占一次能源需求15%左右和单位GDP CO_2排放降低40%~45%"的战略目标，确立了"加快推进包括水电、核电等非化石能源发展，积极有序做好风电、太阳能、生物质能等可再生能源的转化利用"的思路。同时，环境污染与能源紧张问题使传统火电机组的化石燃料供应面临着巨大压力，为应对这些危机，越来越多的非传统能源进入发电领域，包括风力发电、光伏发电、光热发电等。然而，因风电和光伏等可再生能源出力的波动性和不确定性，其大规模并网会给系统的安全稳定运行带来重大挑战。这些新能源通常具有间歇性、可变性等特点，功率输出变化剧烈，当装机容量增加至一定规模时，其功率波动或者因故整体退出运行，会导致系统有功出力和负荷之间的动态不平衡，造成系统频率偏差，引起电网的频率稳定性问题。如何确保电力系统频率稳定以及安全性、可靠性是当今电网亟待解决的问题之一。间歇式能源发电不但会导致调节容量需求增加，而其自身又不具备参与频率调节的功能，原有传统机组必须承担起这些新能源机组带来的频率调节任务。

目前，在我国各大区域电网中，大型水电与火电机组是主要的调频电源，通过不断地调整调频电源出力来响应系统频率变化。但是，它们各自具有一定的限制与不足，影响着电网频率的安全与品质。例如，火电机组响应时滞长、机组爬坡速率低，不适合参与较短周期的调频，有时甚至会造成对区域控制误差的反方向调节；参与一次调频的机组受蓄热制约而存在调频量明显不足甚至远未达到一次调频调节量理论值的问题；参与二次调频的机组爬坡速率慢，不能精确跟踪调度自动发电控制（Automatic Generation Control，AGC）指令；一次、二次调频的协联配合也尚需加强；提供调频服务不仅加剧了机组设备磨损，而且增加了燃料使用、运营成本、废物排放和系统的热备用容量等，调频的质量和灵活性也不能满足电力系统对提高电能质量的要求；各火电机组性能不同其响应速率也不同，造成调节效果千差万别，因此若需增加系统调节容量，也并非大量增加调频火电机组为好。水电机组虽然响应较快，可以在几秒钟内达到满功率输出，但是水电机组受到地理条件和季节变化的限制，水电集中在我国西南多山多水地区及沿海地区，水电机组增减出力受到河流状况的影响，这意味着水电机组整体可提供的调频容量极为受限，也会影响机组对控制信号的响应。

随着高渗透率风电和光伏的大规模并网，现有调频容量不足的问题日益突出，亟须新的调频手段出现。要提高电网的频率稳定性，就必须提高区域的AGC控制性能，即要提高机组对 AGC 信号的响应能力，包括响应时间、调节速率和调节精度等指标。在新能源大量接入以及传统机组存在发展局限性的情况下，电池储能技术以其快速、精确的功率响应能力成为新型调频辅助手段的关注热点。研究表明，电池储能系统（Battery Energy Storage System，BESS）可在 1s 内完成 AGC 调度指令，几乎是火电机组响应速度的 60 倍；同时，少量的储能还可有效提升以火电为主的电力系统整体调频能力。大规模电池储能系统响应速度快，短时功率吞吐能力强，且易改变调节方向，与常规调频电源相结合，可作为辅助传统机组调频的有效手段。电池储能系统的快速响应与精确跟踪能力使得其比常规调频方式高效，可显著减少电网所需旋转备用容量；由于电池储能系统参与调频而节省的旋转备用容量可用于电网调峰、事故备用等，因此能够进一步提高电网运行的安全性与可靠性。除了技术上的优势外，电池储能系统在参与电网调频的应用中，不仅能够节省电力系统的投资和运行费用，降低煤耗，提高静态效益，而且由于其响应快速，运行灵活，可以满足系统运行的调频需求而产生动态效益。

在国外，电池储能技术的各方面已经逐步发展成熟，尤其是美国、智利、巴西和芬兰针对大规模电池储能系统参与电力调频已开展了理论研究与示范验证。在我国，电池储能技术参与电网调频的研究与示范尚属起步与借鉴阶段。从国内目前投建的储能示范工程来看，电池储能系统参与电力调频已逐渐被业界认识和重视起来，虽然目前还未开展更深入的研究与示范应用工作，但储能技术参与电力调频将是未来智能电网必须关注的重要科学问题。

我国在大容量储能技术应用于电力系统调频的理论分析与研究开展得比较少，应用示范也属于起步阶段。虽然国外的储能技术已趋于成熟，但由于其网架结构、能源结构与我国相差甚远，因此亟须探索符合我国电网特点的储能参与电力调频技术，加大储能在我国调频辅助领域中的必要性与价值分析、基础理论研究以及示范研究的力度，利用储能更好地服务于电力调频，服务于新一代"坚强"、"智能"电网。

未来，电池储能技术将在高效运作的电网中发挥重要作用，可保证在用电需求高峰时电能的可利用性，提高电网的可靠性，并且有效地平衡供求波动。近年来，利用大规模电池储能系统取代常规发电机组进行调频，已受到业界的关注。电池储能技术的"快速响应"特性令其作为电网调峰与调频等辅助服务手段，能够满足电网的稳定性和可靠性要求。

在调频应用领域，电池储能系统将比传统的火电调频电厂、抽水蓄能电站具有更大的优势。对电池储能系统参与电力系统调频技术的研究具有重要的意义，这也是对电池储能系统参与电力系统调频进行容量配置和设计控制策略的基础。

2016 年 6 月，国家能源局发布了《关于促进电储能参与"三北"地区电力辅助服务补偿（市场）机制试点工作的通知》（以下简称"通知"），确立了储能参与调峰调频辅助服务的主体地位，提出在按效果补偿原则下，加快调整储能参与调峰调频辅助服务的计量公式，提高补偿力度。《通知》还从效用角度综合考量储能的容量与质量，在政策设计上更具合理性和可持续性，标志储能发展正式进入快车道。

1.2　电池储能技术的发展现状

据不完全统计，截至 2016 年底，我国投运储能项目累计装机规模 24.3GW，同比增长 4.7%。其中电化学储能项目的累计装机规模达 243MW，同比增长 72%。2016 年我国新增投运电化学储能项目的装机规模为 101.4MW，同比增长 299%，发展势头迅猛，如图 1-1 所示。从应用技术类型来看，截至 2015 年年底的储能项目统计情况，锂离子电池是最为常用的技术类型，约占所有项目的 66%，其次是铅蓄电池（铅炭），约占 15%，液流电池占 13%。2016 年我国新增投运的电化学储能项目几乎全部使用锂离子电池和铅蓄电池，这两类电池的新增装机占比分别为 62% 和 37%。

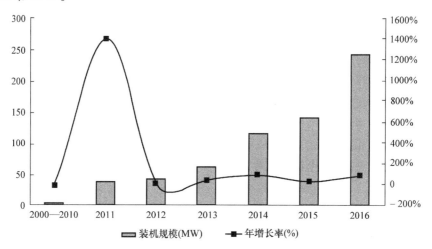

图 1-1　截至 2016 年我国电化学储能累计装机规模

根据国际可再生能源署（IRENA）日前发布"电力储存与可再生能源——2030 年的成本与市场"报告，到 2017 年年中全球储能装机容量为 176GW，其中 169GW 为抽水蓄能（占 96%）；3.3GW 为热能储存（1.9%）；1.9GW 为电池储能（1.1%）；1.6GW 为机械储能（0.9%），其他为 0.1%。尽管抽水蓄能仍占绝对优势，但是未来其成本下降空间有限，而各类电池储能成本可望下降 50% ~ 60%。预计 2030 年抽水蓄能装机将小幅增至 235GW，而电池储能将快速攀升至 175GW。

电池储能作为电能存储的重要方式，其特点在于应用灵活，响应速度快，不受地理条件限制，适合大规模应用和批量化生产。蓄电池种类众多，各具优点，因此在电网中的应用较其他储能更为灵活。各类蓄电池虽在运行机理和技术成熟度都存在差异，但一般较易实现大规模储能，储能效率为60%～90%，这取决于相应的电化学性质和服务周期。目前，实际应用于电力领域的电池储能技术，除了传统铅酸电池，还有几种新兴电池诸如锂离子电池、全钒氧化还原液流电池以及钠硫电池等。

进入21世纪后，以钠硫电池、液流电池、锂离子电池和铅碳电池为代表的电化学储能技术相继取得关键技术突破，其为储能载体至今在全世界范围内一共实施了200多个兆瓦级以上示范工程，展现出了巨大的应用潜力。由于化学储能具有能量转换效率高、系统设计灵活、充放电转换迅速、选址自由等诸多优势，被认为是未来大规模储能技术发展的主要方向。

1. 锂离子电池

锂离子电池（Lithium – ion Battery）在充电时，锂离子从正极脱嵌，穿过电解质和隔膜，嵌入到负极材料之中，放电时则相反。锂离子电池具有单体电压水平高、比能量大、比功率大、效率高、自放电率低、无记忆效应、对环境友好等特点，是具有实现规模化储能应用潜力的二次电池。

1）应用领域。近年来，锂离子电池各项关键技术尤其是安全性能方面的突破以及资源和环保方面的优势，使得锂离子电池产业发展速度极快，在新能源汽车、新能源发电、智能电网、国防军工等领域的应用越来越受到关注。大规模锂离子电池可用于改善可再生能源功率输出、辅助削峰填谷、调节电能质量以及用作备用电源等。随着锂离子电池制造技术的完善和成本的不断降低，锂离子电池储能将具有良好的应用前景。

2）技术成熟度。对电极新型化学材料的研究是锂离子电池技术的研究重点，国际上锂离子电池重要部分（如电极、电解液和隔膜）的关键材料都有很大程度的改进和提高。锂离子电池负极材料主要是石墨，电解液和隔膜的选择比较单一，主要通过正极材料名称区分锂离子电池类型。其中，正极的改进经历了从较昂贵的钴酸锂到较便宜、较稳定的磷酸铁锂和锰酸锂的变化。磷酸铁锂以其结构稳定、成本低、安全性能好、绿色环保等优势成为近年来研究的热点。此外，具有较高充放电速率的纳米磷酸铁锂技术（美国A123公司）及钛酸锂技术（Altair Nano公司）的研究已取得突破，并实现了商业化运作。

国内锂离子电池产业的发展得益于手机、笔记本电脑市场的蓬勃发展，随着新材料技术的突破与制造工艺技术的进步，以及电动交通运输工具的兴起与推广，推动了锂离子电池技术的商业化发展。

3）产业化进程。目前已实现产业化的锂离子电池包括钴酸锂电池、锰酸锂电池、磷酸铁锂电池和三元材料电池等，主要参数见表1-1。

表1-1 产业化锂离子电池参数

	钴酸锂电池	锰酸锂电池	磷酸铁锂电池	三元材料电池
比能量/(Wh/kg)	130~150	80~100	90~130	120~200
比功率/(W/kg)	1300~2500	1200~2000	900~1300	1200~3000
循环次数	500	1000	3000	3000
安全性	差	良	优	良
单体一致性	优	优	差	优
效率（%）	≥95	≥95	≥95	≥95
支持放电倍率/C	10~15	15~20	10	10~15
成本/(元/kWh)	3000~3500	2000	2500~3000	3000~3500

当前已趋于成熟的小型锂离子电池产业，多服务于小型电器、电动工具以及电动交通工具，而规模化储能型锂离子电池的研发规模距离产业化还有一定距离，正逐渐成为当前电池产业领域关注的焦点。目前，中国、美国、日本等国家均已建成了兆瓦级锂离子电池储能应用示范项目。

2. 全钒氧化还原液流电池

氧化还原液流电池（Redox Flow Battery）简称液流电池，最早由美国航空航天局（NASA）资助设计，1974年由 Thaller H. L. 公开发表并申请了专利。30多年来，多国学者通过变换氧化－还原电对，提出了多种不同的液流电池体系，如铈钒体系、全铬体系、溴体系、全铀体系、全钒体系等。

在众多液流电池体系中，由于全钒氧化还原液流电池（Vanadium Redox Flow Battery，VRB）系统的正、负极活性物质为价态不同的钒离子，可避免正、负极活性物质通过离子交换膜扩散造成的元素交叉污染，优势明显，是目前主要的液流电池产业化发展方向。

正、负极活性物质均为液体的全钒电池具有其他固相化学电池所不具备的特性与优势，但因全钒电池仍存在环境温度适用范围窄、能量转换效率不高等问题尚未普及推广。其特点简述如下：

1）能量与功率独立设计，输出功率取决于电堆体积，储能容量取决于电解液储量和浓度，易扩容、易维护。

2）活性物质存放于电堆之外的液罐中，自放电率低，理论储存寿命长。

3）响应速度快，支持充放电频繁切换以及深度放电。

4）安全系数稳定，支持正、负极电解液混合，且电解液可重复循环使用。

5）特有的液路管道结构，导致支路电流损耗显著，影响储能系统效率。

根据全钒电池运行特性，其应用领域多涉及辅助削峰填谷、改善新能源功率输出、不间断电源（UPS）及分布式电源等场合，如图1-2~图1-5所示。

图 1-2　日本 SEI LCD 工厂
1.5MWh 储能系统用于削峰填谷

图 1-3　日本 SEI 北海道 Tomari 170kW×6h
储能系统用于改善新能源功率输出

图 1-4　美国南卡罗来纳州空军基地 30kW×2h 雷达 UPS

图 1-5　奥地利 Cellstrom 10kW×10h 光伏 - 全钒电池储能电站（用于分布式电源）

3. 钠硫电池

钠硫电池（Sodium Sulfur battery，简称 NaS）是一种以金属钠为负极、硫为正极、陶瓷管 $\beta'' - Al_2O_3$ 为电解质隔膜的二次电池。在一定工作条件下，钠离子透过电解质隔膜与硫之间发生的可逆反应，形成能量的释放和储存。钠硫电池原材料丰富，能量密度和转换效率高；但因钠和硫两种元素的大量聚集存在安全隐患，且其运行温度高达 280～350℃，启停周期较长，同时因垄断造成成本高且降价空间小，因此尚未推广普及。图 1-6 所示即容量为 180Ah 的 NaS 电池单体实物照片。

目前钠硫电池储能系统已经成功应用于平滑可再生能源发电功率输出、削峰填谷、应急电源等领域。

1）平滑可再生能源发电功率输出的应用如图 1-7 所示。

图 1-6　钠硫单体电池 180Ah　　图 1-7　日本 Wakkanai 1.5MW 钠硫电池/5MW 光伏电站

2）削峰填谷。通过在用电需求小于发电量时储存多余电能，而在用电需求大于供给时释放已储存电能的手段，钠硫电池储能系统可以有效解决因供需不平衡而造成的电力紧张现象，从而实现削峰填谷，提高现有设备利用率。

4. 铅酸电池

铅酸电池的电极主要由铅及其氧化物制成，电解液是硫酸溶液。铅酸电池在负荷状态下，正极主要成分为二氧化铅，负极主要成分为铅；放电状态下正负极的主要成分均为硫酸铅。铅酸电池存储容量一般为 1kW～10MW，铅酸电池的标称电压为 2.0V，比能量为 25～30Wh/kg，比功率为 150W/kg，工作温度为 -20～40℃，最大放电电流为 200A，每月自放电率为 4%～5%，铅酸电池在放电深度为 80% 时的循环次数约为 2000 次，使用寿命为 3～20 年，电池原理为氧化还原，充放电方法为恒流，最佳工作温度为 -20～60℃。可用于容量备用电源、输配电/电网支持/削峰填谷、黑启动。铅酸电池原材料丰富、价廉、技术成熟，但是存在铅污染，电池成本高且循环使用寿命短等问题。

其技术特点如下：

1）较低的比能量和比功率。

2）可平抑几分钟至几小时内的中频波动部分。

3）成本高且循环使用寿命短。

其应用场合如下：

1）电能质量。

2）频率控制。

3）电站备用。

4）黑启动。

5）可再生储能。

5. 镍氢电池

镍氢电池属于密封免维护型电池，但相较镍镉电池其不含有毒成分，使用时不必担心环境污染。镍氢电池的能量密度较高，是镍镉电池的 1.5～2 倍，充/放电速率快，具有较好的低温运行性能，安全性高，无记忆效应，循环寿命长。但镍氢电池的自放电率要明显大于镍镉电池，定期的全充电不可避免，成本也较高。

几种主要电池储能系统的技术参数对比见表 1-2。

表 1-2　常见电池储能系统关键技术指标

储能技术类型	安全性	可集成功率等级/MW	储能时长	响应速度	循环寿命/次	能量转换效率(%)	设备占地（考虑能量密度、功率密度）	受地理条件限制程度	产业化进程
锂离子电池	中	100	数小时级	ms	10000	95	小	弱	示范
液流电池	中	100	数小时级	ms	13000	65－75	中	弱	示范
钠硫电池	低	300	数小时级	ms	2500	90	小	弱	商用
铅酸电池	中	100	数小时级	ms	2000	70	中	弱	示范

1.3　电池储能调频应用研究

虽然电化学储能以其优越的性能在电力系统中应用前景广阔，但由于造价高昂，在电力需求量较大的电网中没有得以大规模的使用。相比而言，电网调频领域对调频电源的爬坡率要求高、电量需求少，更适宜于储能的应用与盈利（美国纽约州的研究表明，调频服务是所有辅助服务中收益潜能最大的）。

在我国，储能技术参与电网调频的研究与示范尚处于起步与借鉴阶段。中国电力科学研究院在张北风光储基地投建的电池储能电站完成了跟踪调频指令的测试，南方电网深圳宝清电池储能电站与上海漕溪能源转换综合展示基地也具备系统调频的功能。这三处大容量储能技术应用于电力调频的示范工程虽然具备了调频的测试功能，但均未进行投入应用的研究。从国内目前投建的储能示范工程来看，电池储能系统参与电力调频已逐渐被业界认识和重视起来，虽然目前还未开展更深入的研究与示范应用工作，但储能技术参与电力调频将是未来智能电网必须关注的重要科学问题。

在国外，储能技术的各方面已经逐步成熟，尤其是美国、智利、巴西和芬兰等国家，针对大规模储能系统参与电力调频已开展理论研究与示范验证。相关研究主要侧重于以下几方面：一是探讨风光等新能源大规模并网对电网安全稳定运行的影响，以及此时应用储能系统参与电力调频的优势及其可行性；二是从调频电源技术对比角度切入，研究储能系统与常规调频电源在调节精度和调节速率等调频能力上的区别；三是建立复杂的储能系统模型，探究储能系统出力的机理，通过小负荷扰动分析，研究储能系统参与调频对抑制频率波动和联络线交换功率的影响；四是从储能系统经济角度切入，结合不同类型储能系统的特性、限制及其参与调频所带来的各项效益，对储能系统参与电力调频进行经济性评估。

储能系统与常规调频电源的协调控制研究可分为以下三个方面：其一是以传统的滞后控制来控制常规调频电源和储能系统以参与调频，重点侧重于优化控制器以提高控制性能；其二，采用超前的预测控制来完成常规调频电源和储能系统的协调控制；其三，从常规调频电源的一、二次调频协调问题出发，侧重于解决一、二次调频的衔接及反调问题。

容量配置是储能技术应用于电网调频领域的首要问题，不仅为控制策略研究提供了借鉴，而且合理的储能容量配置对于满足电网调频要求至关重要。目前，针对储能技术辅助参与电网调频的容量配置研究尚处于探索阶段。参考文献［31］在计及收益和成本的基础上，考虑了系统的频率波动曲线和电池储能的充/放电特性，以电池储能产生的年收益最大为目标，建立了电网中用于一次调频的电池储能系统的经济模型，采用充电限制可调和应用耗能电阻的新型控制算法进行仿真，求得系统的最佳储能容量配置。参考文献［32］基于一个包含水电站、火电厂以及风电场的孤岛网络，利用电池储能系统的等效模型，研究了其参与电力一次调频。在此基础上，通过动态调整 SOC 上下限，提出了电池储能系统的容量和运行方式优化方案，并给出确定 SOC 上下限的动态取值范围的方法。

电力系统运行时，对系统频率调节必须进行有效的控制，而这项任务主要由二次调频完成。尽管电力系统技术不断进步，但二次调频依然面临许多挑战。由于电力系统负荷的动态和惯性特性，系统检测，原动机、发电机出力控制、调节环节总会有不同程度的误差。上述问题在风电、光伏等新能源并网之后将变得更加显著。储能系统参与电力系统调频进一步丰富了系统调频的选择，因此，如何合理地协调各调频电源，以控制和调节各发电机和储能系统的输出功率使系统频率达到电网要求，也给国内外的调频控制研究提出了新的课题。参考文献［33］通过使用一阶惯性环节模拟电池储能出力特性，并将系统频率偏差协方差作为评价指标，量化分析了 30MW 电池储能系统对于孤岛网络一次调频能力的影响，结果发现其能够显著减小瞬时负荷波动引起的频率偏差。参考文献［34］提出采用离散傅里叶变换分析高频和低频调频需求的方法，并对实际系统的全天和每小时内高频分量的占比进行了定量分析。根据储能资源的快速响应特点，提出了储能资源参与调频的两种策略：一是基于区域调节需求所处的区间灵活分配储能资源承担的调节量；二是将调频需求的高频分量指派给储能资源承担。所提方法和研究结果对于实际应用具有重要的指导意义和参考价值。

针对集中式电池储能系统，参考文献［36］在计及收益和成本的基础上，考虑了系统的频率波动曲线和电池储能的充/放电特性，以电池储能产生的年收益最大为目标，建立了电网中用于一次调频的电池储能系统的经济模型，采用充电限制可调和应用耗能电阻的新型控制算法进行仿真，求得系统的最佳储能容量配置。参考文献［39］通过使用一阶惯性环节模拟电池储能出力特性，并将系统频率偏差协方差作为评价指标，量化分析了30MW电池储能系统对于孤岛网络一次调频能力的影响。结果发现其能够显著减少瞬时负荷波动引起的频率偏差，但该文献中没有考虑经济性。参考文献［38］基于一个包含水电站、火电厂以及风电场的孤岛网络，利用电池储能系统的等效模型，研究了其参与电力一次调频。在此基础上，通过动态调整SOC上下限，提出了电池储能系统的容量和运行方式优化方案，并给出确定SOC上下限的动态取值范围的方法。此外，利用净现值法（NPV）评估了寿命期为20年的储能系统的经济性。

针对分散式电池储能系统，如电动汽车的电池，参考文献［39］在考虑高渗透率间歇性风电接入孤岛电网的基础上，针对电动汽车参与电力一次调频与否，评估了其对电网频率的影响程度，但是该文献中没有考虑电池的SOC，并且采用固定的单位调节功率，没有提出其最佳控制方法。参考文献［40］在参考文献［39］的基础上进一步考虑了电池SOC的限制，但仍使用固定的单位调节功率。参考文献［41］针对电动汽车，提出了一种单位调节功率优化策略，该策略考虑了分布式V2G的充电需求和电池的SOC状况，并使用基于能斯特方程的锂电池模型和经典2区域电网模型，对该策略的用户满意度和一次调频效果进行了评估。参考文献［42］在参考文献［41］的基础上，提出了一种智能充电的策略。该策略根据电池预计所需能量计算出智能充电所需时间，并假设电动汽车每次提前设置下一次离线持续时间，当智能充电所需时间超出离线持续时间时，V2G控制转入智能充电控制，这样既可在离线前达到计划充电，又可在连线空闲时间使用V2G控制，从而同时满足电力调频需求和用户便利性。参考文献［43］在综合前面两篇文献的基础上，提出了一种自适应单位调节功率控制策略（Battery SOC Holder，BSH）。该策略可以基于SOC初始状态，维持电池能量在适当范围，若SOC水平不足以满足充电需求，该文献又基于实际充电时间和SOC期望水平，提出了一种智能充电策略（Charging with Frequency Regulation，CFR）。该策略既灵活满足了用户充电需求，又在一定程度上改善一次调频效果。

通过归纳总结，储能参与电力调频的研究现状如下所示：

基础理论研究方面包括对储能系统与燃气轮机的调频性能与效果的分析比较，对加入储能系统可减少因新能源大规模并网比例增加而急剧上升的调频容量需求进行了定量分析研究，对不同类型储能系统参与电力调频的容量配置、控制方法与经济性评估等方面的研究，以及对促进储能系统参与电力调频广泛应用的政策进行了提议等。

1) 美国加利福尼亚州针对储能系统参与电力调频辅助服务的必要性进行了分析。其研究表明，随着日益增加的可再生能源比例，电网的可靠性面临严峻的挑战。在 2010 年，加利福尼亚州能源委员会针对 20% 和 33% 的可再生能源接入比例进行了系统可靠性和性能的模拟，得出加利福尼亚州电网在 20% 的可再生能源接入比例下，系统性能严重下降，在 33% 的接入比例下系统面临崩溃。

2) 为了说明储能在辅助调频领域的价值，加利福尼亚州储能联盟对飞轮储能和传统的复合循环汽轮机的性能进行了比较，得出具有快速响应能力的大规模储能系统的调频效果是传统调频手段（即燃气轮机）的 2 ~ 3 倍。

3) 芬兰的 Fingrid Oyj 公司历时一年分析了芬兰输电系统运营公司的情况。其通过测量在 11 个不同星期的电网频率数据，对参与电网一次调频的电池储能系统功率与容量进行了设计，并利用频率死区和荷电状态控制回路以保证电池在一个合理的荷电状态值，以减轻循环操作对电池寿命的影响。其仿真结果表明，电池储能是用于一次调频的一种有效装置，频率死区和荷电状态控制回路的设置保证了电池处于一个合理的荷电状态区间，最大限度地降低了循环作业对电池寿命的影响。

4) 针对在大规模电力系统互联情况下如何准确、快速控制系统负荷频率的问题，大致可分为经典控制方法、自适应和变结构控制方法等。从国内外已有的技术和实施方案看，针对调频应用需求，多类型储能的协调控制策略研究还处于起步阶段。

5) 在经济性评估方面，加利福尼亚州储能联盟对传统循环燃气轮机和飞轮储能系统进行了建模仿真，其目的是比较循环燃气轮机和飞轮系统的商业经济回报与温室气体排放造成的影响。其建模结果表明，飞轮储能系统显著提高了经济回报并且降低了温室气体排放，储能系统具有 26% 的内部收益率和 69975t 的终生排放量，而循环燃气轮机具有 7% 的内部收益率和 986595t 的终生碳排放量。

6) 推动能量存储进入市场的政策提议。加利福尼亚州储能联盟建议在调频市场建立合适的价格机制，按"业绩付费"，即评估设备对调频控制信号反应的速度和精度。

在储能系统参与电力调频的工程应用方面，自 2008 年始，A123 公司、Xtreme Power 公司、Altairnano 公司等已投建多处示范项目，涉及锂离子电池等多种储能技术类型，系统容量从 1.1MW/0.5MWh 到 20MW/5MWh 级不等，并取得一定成果。

1.4 电力系统频率调节

1.4.1 电力系统频率一次调节

电力系统频率的一次调节是指利用系统固有的负荷频率特性，以及发电机组调速器的作用，来阻止系统频率偏离标准的调节方式。

电力系统负荷的频率一次调节作用为：当电力系统中原动机功率或负荷功率发生变化时，必然引起电力系统频率的变化，此时，存储在系统负荷（如电动机等）的电磁场和旋转质量中的能量会发生变化，以阻止系统频率的变化，即当系统频率下降时，系统负荷会减小；当系统频率上升时，系统负荷会增加。

发电机组的一次调频作用为：当电力系统频率发生变化时，系统中所有的发电机组的转速也发生变化，如转速的变化超出发电机组规定的不灵敏区，该发电机组的调速器就会动作，改变其原动机的阀门位置，调整原动机的功率，从而改善原动机功率或负荷功率的不平衡状况。亦即当系统频率下降时，汽轮机的进气阀门或水轮机的进水阀门的开度就会增大，增加原动机的功率；当系统频率上升时，汽轮机的蒸汽阀门或水轮机的进水阀门的开度就会减小，减少原动机的功率。

系统频率一次调节的特点如下：

1）系统频率一次调节由原动机的调速系统实施，对系统频率变化的响应快，电力系统综合的一次调节特性时间常数一般在 10～30s 之间。

2）由于火力发电机组的一次调节仅作用于原动机的进气阀门位置，而未作用于火力发电机组的燃烧系统。当阀门开度增大时，使锅炉中的蓄热暂时改变了原动的功率，由于燃烧系统中的化学能量没有发生变化，随着蓄热量的减少，原动机的功率又会回到原来的水平。因而，火力发电机组参与系统频率一次调节的作用时间是短暂的。由于蓄热量的不同，一次调节的作用时间为 0.5～2min 不等。

3）发电机组参与系统频率一次调节采用的调整方法是有差特性法，它不能实现对系统频率的无差调整。各机组有多少力出多少，没法精确出力的大小。

进行系统频率一次调节的意义如下：

1）自动平衡电力系统的第一种负荷分量，即那些快速的、幅值较小的负荷随机波动。

2）频率一次调节是控制系统频率的一种重要方式，但由于它的调节作用的衰减性和调整的有差性，因此不能单独依靠它来调节系统频率。要实现频率的无差调整，必须依靠频率的二次调节。

3）对异常情况下的负荷突变，系统频率的一次调节可以起某种缓冲作用。

综合系统一次调频的原理如图 1-8 所示，其流程如下：

1）初始状态：运行于 $L_1(f)$ 与 $G(f)$ 的交点 a，确定频率为 f_0。

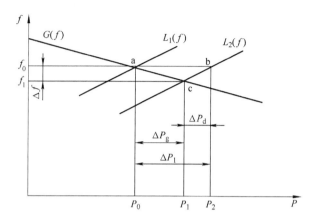

图 1-8　综合系统一次调频原理图

2）负荷功率增加 ΔP_1，负荷功频特性变为 $L_2(f)$，发电机进行一次调频，发出功率 ΔP_g，$L_2(f)$ 与 $G(f)$ 相交于 c 点，确定频率 f_1。

3）此时，频率的偏差为 Δf，一次调频结束。

4）若为瞬间的波负荷，ΔP_1 消失，频率回归。

5）若不为瞬间的波负荷，如需要频率回到 f_0，需进行二次调频，发电机增发 ΔP_d 的功率。

1.4.2　电力系统频率二次调节

频率的二次调节就是移动发电机组的频率特性曲线，改变机组有功功率与负荷变化相平衡，从而使系统的频率恢复到正常范围。

各二次调频控制区采用集中的计算机控制，控制发电机组调速系统的同步电机，改变发电机组的调差特性曲线的位置，实现频率的无差调节，调整原动机功率的基准值，从而达到改变原动机功率的目的。

系统频率二次调节特点如下：

1）对系统频率实现无差调整。

2）在区域控制的火力发电机组中，由于受能量转换过程的时间限制，频率二次调节对系统负荷变化的响应比一次调节要慢，它的响应时间一般需要 1～2min。

3）在频率的二次调节中，对机组功率往往采用简单的比例分配方式，常使发电机组偏离经济运行点。

系统频率二次调节的作用如下：

1）由于系统频率二次调节的响应时间较慢，因而不能调整那些快速变化的负荷随机波动，但它能有效地调整分钟级和更长周期的负荷波动。

2）频率二次调节可以实现电力系统频率的无差调节。

3）由于响应时间的不同，频率二次调节不能代替频率一次调节的作用；而频率二次调节的作用开始发挥的时间与频率一次调节作用开始逐步失去的时间基本相同，因此两者基在时间上配合好，对系统发生较大扰动时快速恢复系统频率相当重要。

4）频率二次调节带来的使发电机组偏离经济运行点的问题，需要由频率的三次调节来解决；同时，集中的计算机控制也为频率的三次调节提供了有效的闭环控制手段。

系统频率二次调节的原理如图1-9所示，其流程如下：

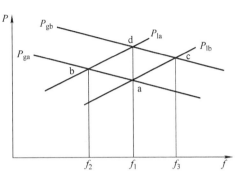

图1-9　二次调频原理图

1）发电与负荷的起始点为 a，频率为 f_1。

2）负荷增大，负荷特性曲线由 P_{la} 变化至 P_{lb}，发电机组特性曲线为 P_{ga}，则发电与负荷的交点由 a 移至 b 点，频率由 f_1 降至 f_2。

3）增加系统发电，发电机组的频率特性曲线从 P_{ga} 改变到 P_{gb}，发电与负荷的交点由 b 移至 d 点，系统频率保持在原来的 f_1。

4）负荷减小，原理类似。

1.4.3　发电机组类型与电力系统频率调节

自动发电控制的执行依赖于发电机组对其控制指令的响应，而发电机组的响应特性又与机组的类型和其控制方式有关，典型发电机组的响应特性见表1-3。

表1-3　典型发电机组的调频响应特性

发电机类型	响应特性	在系统频率调节中的作用	制约条件
汽包炉式蒸汽发电机组	调节范围：30% 额定出力响应速率：3% MCR[①]/min	响应速率低，不易改变调节方向	（1）锅炉在能量转换过程中的延迟和惯性 （2）调速系统有不灵敏区 （3）AGC 机组经常处于变化状态，影响机组寿命
直流炉式蒸汽发电机组	响应速率：20% MCR /10min	响应速率低，不易改变调节方向	
联合循环燃气轮机	调节范围：52% 额定容量响应速率：大于 5% MCR/min	宜参与 10s 到数分钟之间的负荷分量的调节	机组功率大幅度地频繁变化对通流部件的寿命有较大的影响
核电机组	在其可调范围内响应速率：3% MCR /min	响应速率低，且不易改变调节方向	大范围改变发电机功率需调整核反应堆内的控制棒
水电机组	发电功率变化范围大响应速率：1% ~2% MCR /s	宜参与 10s 到数分钟之间的负荷分量的调节	水资源的限制，水电机组本身如振动区、汽蚀区等限制

① MCR（Maximum Capacity Rating）为最大额定容量，最大额定出力。

15

1.4.4 国内外电力系统频率指标和控制要求

电力系统由于网架结构、装机容量、负荷特性等不尽相同，因此对系统频率控制的要求也不尽相同。表1-4列出了英国、美国、澳大利亚和我国电网对频率控制的不同要求。

表1-4 某些国家和地区电力系统对频率偏差的要求 （单位：Hz）

	英国国家电网	美国东部电网	美国得克萨斯州电网	澳大利亚国家电力市场	中国
正常状态	0.2	0.05	0.03	0.1	0.2
警戒状态	—	0.1	0.05	0.25	0.5
异常状态	0.5	—	0.1	0.5	—
故障状态	0.8	0.25	0.2	—	—
严重故障状态	—	0.5	0.5	1	1.0
频率控制指标要求	频率分布统计指标（全年）$$\sigma = \sqrt{\frac{1}{n}\sum_{i=1}^{n}(f_i - f_0)^2}$$			频率合格率指标 中国：(50 ± 0.2)Hz，98% 澳大利亚：(50 ± 0.1)Hz，99%	

各国电力系统对频率控制的指标要求不尽相同，大致可分为以下两种类型：

1）频率合格率指标。即对频率控制效果的评价，以将频率控制在规定范围内的时间为依据。澳大利亚和我国电力系统采用的是这种评价方法。

澳大利亚国家电力市场要求频率控制在（50±0.1）Hz范围内的时间应达到99%以上。我国国家标准GB/T 15945—2008规定，电力系统频率控制在（50±0.2）Hz范围内的时间应达到98%以上。

2）频率分布统计指标。频率合格率的评价方法是存在缺陷的，频率的分布情况更能反映频率控制的效果。其方法是统计全年系统频率偏离标准频率（50Hz或60Hz）的偏差值的均方根σ，即

$$\sigma = \sqrt{\frac{1}{n}\sum_{i=1}^{n}(f_i - f_0)^2} \tag{1-1}$$

式中 f_i——时段i的频率平均值；

f_0——电力系统的标准频率；

n——频率平均值的个数。

1.4.5 参与电力调频的容量要求

1. 一次调频容量要求

由于各控制区的负荷变化规律不同，对以适应调整较长周期负荷变化需要的，参与自动调节的机组容量需求虽不同，但一般为系统最高负荷的1%～3%。这主

要是因为：①尽管发电计划曲线非常接近实际负荷变化的情况，但负荷预计本身一般存在着1%~2%的偏差；②发电厂在执行发电计划曲线时，存在着未能精确按照规定时间加减出力的情况。

系统对频率一次调节容量的要求一般仅考虑失去系统中单机容量最大的发电机组、单台容量最大的负荷或容量最大的单条区外来电线路所引起的功率突变。因为在确定系统对频率一次调节容量的要求时，要考虑两个因素：一是负荷的随机波动；二是由于电力系统设备故障引起的负荷或发电功率的突变。在一般情况下，负荷的随机波动的幅值远小于因设备故障引起的负荷或发电功率突变的幅值。

2. 二次调频容量要求

对参与AGC运行的机组容量和AGC可调容量均有目标要求，我国的电力系统一般要求参与AGC机组的额定容量占系统总装机容量的50%以上，参与AGC机组的可调容量占系统最高负荷的15%以上。

1.4.6　电力系统调频与自动发电控制性能评价

自动发电控制系统要求每个控制区的发电机组有足够的调节容量，以确保控制的发电功率、电力负荷及联络线交易的平衡。控制区的控制性能是以该区域控制偏差ACE的大小来衡量的。从北美电力可靠性协会（NERC）的运行手册中可以发现，对AGC的性能评价经历了从A1、A2的评价标准，到以CPS1（Control Performance Standard 1）、CPS2的评价标准的发展过程。

1）A1/A2评价标准。A1标准要求在任何一个10min间隔内，ACE必须过零。A2标准规定了ACE的控制限值，即ACE的10min平均值要小于规定的L_d。

根据NERC的要求，根据A1/A2标准对每个控制区的ACE性能进行评价，其合格指标为：A1≥100%，A2≥90%。

2）CPS1/CPS2评价标准。CPS1标准是指控制区在一个长时间段（如一年）内，其区域控制偏差ACE应满足式（1-2）中的要求：

$$\frac{\text{ACE}_i}{-10B_i}(f-f_0) \leqslant \varepsilon_1^2 \tag{1-2}$$

CPS2标准是指在一个时段内（如1h），控制区ACE的10min平均值，必须控制在特殊的限值L_{10}内。

对每个控制区，按照CPS1、CPS2的标准对其区域AGC性能进行评价，其控制指标要求CPS1≥100%，CPS2≥90%。

1.4.7　现代电网频率调节面临的问题

电网的传统调频厂爬坡速度慢，不能精确出力，而且由于调频需求而频繁地调整输出功率会加大对机组的磨损、影响机组寿命等，使得其提供调频服务受限。

尤其对于北方电网，冬季负荷峰谷差较大，为满足地方供热需求，用于供热的火电机组其出力调节能力有限。冬季枯水期间，水电机组大部分停运，此时在系统负荷尖峰情况下，很多火电机组接近满发，调频能力受出力上限限制导致系统中一次调频上调能力降低，有时可能会带来调频问题。

若电网的规模发展不那么迅速，已有的传统调频能力也能比较好地满足调频需求，但随着日益扩大的新能源比例，使得目前新能源集中接入量大的地区调频问题日益突出，现有的调频能力不能很好地满足调频需求。在美国一个针对风电接入容量的研究中，CAISO 得出风电装机容量（在 4250MW 和 8000MW 接入水平之间）每增加 1000MW，调频需求会增加 9%。传统意义上，辅助服务由传统热电厂、水电厂和其他发电设备提供。在加利福尼亚州，2009 年的调频需求是 419MW，CAISO 预测为了满足 2020 年 33% 的可再生能源配比，则需要 1114MW 的调频容量。

在 2010 年，加利福尼亚州能源委员会针对 20% 和 33% 的可再生能源接入比例进行了系统可靠性和性能的模拟。结果表明，在 20% 的情况下，系统性能严重下降，在 33% 时面临崩溃。如果不考虑加入储能等其他的调频方式，面对 2020 年接入 33% 的可再生能源，为了应对早晨和晚上的"爬坡"时段，使系统性能维持在一个可接受水平，传统发电需要的调频功率是 3000~5000MW。相比之下，加入储能后只需要大概 390MW 的上调容量和 360MW 的下调容量。

为解决风电规模化并网导致系统调频需求急剧增大这一瓶颈，国内目前采用的主要手段有两种：一是通过"风火捆绑"，将混合发电量输送并网；二是采用抽水蓄能，将不稳定的风电转化为水能，再利用水能发电。但是，上述两种方案在我国的实际应用中均有弊端和障碍。"风火捆绑"模式增加了小火电机组的装机容量，违背了"上大压小"和"节能减排"的国家能源结构调整战略，同时，机组固有的机械惯性，导致调频响应时间较长，很难匹配波动性更强的风力发电功率。由于我国风能资源丰富地区分布在偏远的"三北"地区，干旱少雨，水能资源匮乏，蒸发量大，开发有效的"抽水蓄能"电站的空间不足，因此，需要发展响应快速、安装灵活、经济合理、环境友好的调频电源和旋转备用手段。为了保证电网可靠性，需要投建额外的传统发电设备（例如排放温室气体的燃气轮机和燃煤的蒸汽机），或者把非发电装置（例如储能）与现有的电网结构实现一体化。而储能是一种能够满足对辅助服务日益增长需求，在经济和环境方面，比传统方法更高效更低成本的手段。

大规模储能系统应用于电网，辅佐传统调频技术手段来调频是一个新的研究方向，其可行性逐步被业界认可。最近几年，日本、美国、欧洲及中东地区的一些国家和地区正在大力推广和应用先进的大容量电池储能技术，通过与自动发电控制系统的有效结合，维护电力系统的频率稳定性。

1.5　小结

　　我国在大容量储能技术应用于电力系统调频的理论分析与研究开展得比较少，应用示范也处于起步阶段，而国外的储能技术已趋于成熟，但由于其网架结构、能源结构与我国相差甚远，因此亟须探索符合我国电网特点的储能参与电力调频技术，加大储能在我国调频辅助领域中的必要性与价值分析、基础理论研究以及示范研究的力度，使储能技术更好地服务于电力调频，服务于新一代"坚强"、"智能"电网。

第2章 电池储能系统调频特性分析

频率控制通过输出功率的快速增减，来校正电网的供需平衡。电池储能系统具有极快的响应速度，尤其适合于调频。更快的响应自然会使频率控制更精确和高效。国外的大量研究表明，储能系统几乎能够实时跟踪区域控制误差，而发电机的响应则很慢，有时甚至会违背区域控制误差。电池储能系统响应快速而使得频率控制更精确，最终需要更少的调控容量。因为灵活且爬坡快的设备能够更快地实现调度目标从而快速实现再调度，因此，相对而言快速调频设备能够提供更多的区域控制误差校正。爬坡慢的设备无法快速改变方向，所以它们有时会提供反向调节而增加区域控制误差。灵活且爬坡快的设备则能避免因增加区域控制误差而需要的额外调频容量。

就电力系统分析与控制领域而言，电池储能系统应首先满足平抑间歇性电源出力波动。在此前提下，合理地利用储能系统剩余容量参与电力调频，不仅能够提高储能系统的运行经济性，而且其能有效地提升以火电为主的电力系统的整体AGC调频能力，能够使调频控制更迅速、精确地满足调频要求，减少对常规调频电源的依赖。因此，储能系统参与电力调频具备一定的可行性。

本章分析了储能系统适于辅助电网调频的特性，包括电池的倍率特性和寿命特点；同时，在出力特征、等效调节容量和经济性方面，将储能系统与传统火电机组进行了比较，为后续储能辅助调频的容量配置和控制策略的设计提供分析基础。

2.1 技术特性分析

电池储能快速、准确的功率响应能力，使其在调频领域的应用潜力巨大。研究表明，持续充/放电时间为15min的储能系统，其调频效率约为水电机组的1.4倍，燃气机组的2.2倍，燃煤机组的24倍；同时，少量的储能可有效提升以火电为主的电力系统AGC调频能力。

2.1.1 电池的倍率特性

电池的充/放电倍率，表示电池充/放电时电流大小的比率，通常用字母C表示。例如，所用电池容量1h放电完毕，称为1C放电，5h放电完毕，则称为$1/5 = 0.2C$放电。数学公式表示如下：

$$C = \frac{I}{C_n} \qquad (2-1)$$

式中　C——电池的充/放电倍率；

　　　I——电池的充放电电流；

　　　C_n——电池的额定容量，如C_2代表2h率额定容量。

电池倍率是电池非常重要的参数。电力系统的频率调节任务平衡的是几十秒至几分钟的功率波动，作用持续时间短，功率需求高，能量需求低。电池倍率越大，充/放电速率越大，越适于对功率指令信号的响应和跟踪，维持电力系统的稳定性。锂离子电池是一种高倍率电池，主要依赖锂离子在正极和负极之间移动来工作。在充放电过程中，Li^+ 在两个电极之间来回嵌入和脱嵌，即充电池时；Li^+ 从正极脱嵌，经由电解质嵌入负极，负极处于富锂状态；放电时则相反。在电化学储能技术中最适于应用到电力系统的调频领域中。

2.1.2 电池的寿命特点

电池储能在实际运行过程中，其循环寿命受到温度、峰值电流和放电深度（Depth of Discharge，DOD）等多种因素的影响。电池储能寿命的长短直接影响整个储能系统的投资运行成本，低循环寿命因导致需要高频率的设备更新而增加总成本。因此，有必要对电池储能系统的循环寿命特点进行分析。

1. 循环寿命 – 放电深度曲线

循环寿命主要取决于电池的放电深度。各电池的放电深度与循环寿命对应关系见表 2-1。

表 2-1　电池放电深度与循环寿命对应关系

放电深度（%）	循环寿命（次）		
	铅酸电池	钠硫电池	锂离子电池
10	3800	125092	150000
20	2850	41265	50000
30	2050	21569	30000
40	1300	13612	14000
50	1050	9525	10000
60	900	7115	8000
70	750	5560	7500
80	650	4490	6000
90	600	3719	5000
100	550	3142	4000

由表 2-1 可以看出，锂离子电池具有很长的循环寿命，并且在低 DOD 状态下获得了相当长的循环寿命。此外，由于其提供电网调频时充放电程度一般较浅，所以锂离子电池是比较适于调频的电池类型。

2. 电池的单向充放电设计

研究表明，单向充放电的储能系统将具有更长的使用寿命。可以考虑装设两台储能系统 A 和 B，额定功率和额定容量均相等，为要求配置容量的一半。在初始时刻，储能系统 A 存储适当少能量，储能系统 B 存储适当多能量。规定储能系统以等充放电深度进行调频。当需要充电调频时，优先发指令给储能系统 A，当需要放电调频时，优先发指令给储能系统 B。在储能系统 B 放电到规定的放电深度 DOD_0 时，开始接收反向的调频信号，即仅进行充电调频；在储能系统 A 充电到容量上限后，开始进行放电调频，并且放电深度控制为 DOD_0。

2.2 与火电机组的对比分析

2.2.1 出力特征对比分析

电池储能系统的充放电过程是电化学反应的过程，而火电机组发电则是通过电机原理，将煤炭等资源的化学能转化为热能，热能再转化成电能，因此，两者的出力特征也有明显不同。

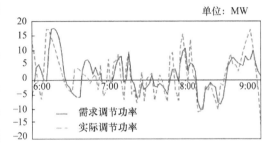

图 2-1 是某燃煤机组实际调节功率与需求调节功率曲线。从图中可以看出，火电机组在调频过程中，会产生延迟和偏差，超调和欠调现象严重。

图 2-1　火电机组跟踪 AGC 指令功率调节过程

图 2-2 是美国 PJM（Pennsylvania New Jersey Maryland，PJM）电力市场某日电池储能系统跟踪调节功率指令的调节过程。图中，红色线代表电池储能出力，蓝色线代表指令信号。从图中可以看出，电池储能可以精确跟踪指令信号，几乎不存在超调与欠调现象。

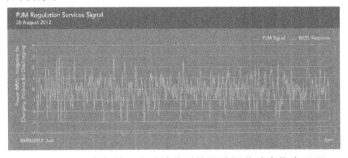

图 2-2　PJM 市场某日电池储能系统跟踪调节功率指令过程

通过对比可知，火电机组适合于大幅度、连续、单向的升降负荷，而电力系统的调频任务通常是小幅度、频繁、折返的调节，火电机组由于其自身的机械惯性不能对频繁发生的 AGC 功率指令信号进行精确地跟踪。另外，折返频繁调节也会加剧机组的磨损，损害机组寿命，影响机组发电效率。然而，电池储能系统没有机械环节，电能与化学能的转换在瞬间完成，响应功率指令的速度在毫秒级，非常适合于调节小幅频繁的负荷波动。

2.2.2 调节容量对比分析

1. 一次调频容量的对比分析

基于火电机组一次调频参数，计算其所具备的最大一次调频能力，同时考虑电池储能功率与容量的特性，确定与该火电机组具备同等一次调频能力的电池储能功率与容量。为避免电网允许的小负荷波动造成电池储能的频繁动作，应对电池储能设置调频死区。频率偏差死区的规定可参考各区域电网的具体要求。当频率偏差越过死区后，一次调频机组/设备需动作。火电机组的一次调频幅度由额定转速阶跃至（$3000 \pm \alpha$）r/min 时，设其对应的负荷变化幅度为 $\pm\beta$ 倍的机组额定容量（α、β 为实数）。根据火电机组一次调频的负荷变化限幅要求，可确定与此机组具备同等一次调频能力的电池储能功率为

$$P_{B\_prim} = \beta P_G \tag{2-2}$$

式中　P_{B_prim}——电池储能一次频率调节所需功率；

　　　　P_G——火电机组额定容量。

设一次调频从响应至频率恢复稳定的时间为 T_{prim}，电池储能替代此火电机组进行一次调频所需的容量为 Q_{B_prim}，由于深充、深放不利于电池的使用寿命，且考虑保证电池储能调频的可靠性，在不考虑充放电损耗的前提下，电池储能所需配备的容量计算为

$$Q_{B\_prim} = 2P_{B\_prim} \cdot T_{prim} + Q_{B\_prim}SOC_{Lim\_down} + Q_{B\_prim}(1 - SOC_{Lim\_up}) \tag{2-3}$$

$$Q_{B\_prim} = \frac{2P_{B\_prim} \cdot T_{prim}}{SOC_{Lim\_up} - SOC_{Lim\_down}} \tag{2-4}$$

式中　SOC_{Lim_down}——电池储能允许放电的荷电状态下限；

　　　　SOC_{Lim_up}——储能允许充电的荷电状态上限。

我国火电机组的额定容量从 50 ~ 1000MW 不等，其中以额定容量为 200 ~ 1000MW 的火电机组为主。由式（2-2）可知，与火电机组具备同等一次调频能力的电池储能功率可由火电机组的负荷变化幅度确定，且与其成比例关系。由式（2-4）可知，电池储能的容量取决于火电机组负荷变化幅度、调频持续时间以及电池储能本身的容量上、下限。当火电机组型号确定后，其一次调频参数（如负荷变化幅度等）便可获知，为定值；电池储能类型确定，其容量上、下限值便为已知数。因此，与传统机组具备同等一次调频能力的电池储能容量 Q_{B_prim} 与一次调频持续时间 T_{prim} 为线性关系，如图 2-3 所示。随着一次调频持续时间的增长，所需容量线性增大；同

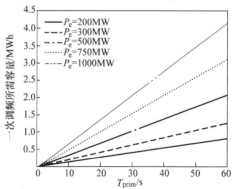

图 2-3　一次调频所需电池储能系统容量与持续时间关系图

等一次调频持续时间下，机组的额定容量大，所需电池储能容量也大。

2. 二次调频容量的对比分析

基于火电机组二次调频参数，计算其所具备的最大二次调频能力，结合电池储能功率与容量特性，配置与火电机组具备同等二次调频能力的电池储能功率与容量。

设火电机组进行 AGC 调频的功率调节范围为 $\gamma_1 P_G \sim \gamma_2 P_G$，对机组功率变化率的要求为不得低于 $\mu_{AGC} P_G$，火电机组每分钟功率变化率最高为 $\mu_{\max} P_G$，其中 $\mu_{AGC} \leqslant \mu_{\max}$。若火电机组 AGC 调节的持续时间为 T_{AGC}，则火电机组在时间 T_{AGC} 内可达到的最大功率为

$$P_{AGC} = \mu_{\max} P_G T_{AGC} \tag{2-5}$$

式中 P_{AGC}——火电机组在 AGC 调节时间内可达到的最大功率；

$\mu_{\max}$——火电机组每分钟的最高功率变化量。

依据式（2-5），若电池储能与该火电机组具备同等的 AGC 调频能力，其功率与火电机组在持续时间内可达到的最大调节功率相同，即

$$P_{B\_AGC} = P_{AGC} \tag{2-6}$$

在不考虑电池储能充放电损耗的情况下，所需电池储能容量计算为

$$Q_{B\_AGC} = \int_0^{T_{AGC}} 2P_{B\_AGC} \mathrm{d}t + Q_{B\_AGC} \mathrm{SOC}_{Lim\_down} + Q_{B\_AGC}(1 - \mathrm{SOC}_{Lim\_up}) \tag{2-7}$$

$$Q_{B\_AGC} = \frac{\int_0^{T_{AGC}} 2P_{B\_AGC} \mathrm{d}t}{\mathrm{SOC}_{Lim\_up} - \mathrm{SOC}_{Lim\_down}} \tag{2-8}$$

由式（2-6）和式（2-8）可知，火电机组额定容量确定时，所需电池储能功率与 AGC 调频持续时间为线性关系。机组容量已知时，随着调频持续时间增大，所需电池储能功率线性增大；同一调频持续时间段内，机组额定容量值越大，所需电池储能功率也越大，如图 2-4 所示。

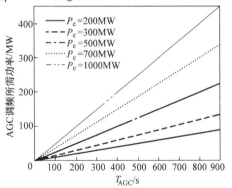

图 2-4 AGC 调频所需电池储能
系统功率与持续时间关系图

由式（2-8）可知，在火电机组额定容量确定的情况下，所需电池储能容量为 AGC 调频持续时间的二次函数，其特性如图 2-5 所示。由图 2-5 可知，随着 AGC 调频持续时间增长，所需电池储能容量增大；AGC 调频持续时间确定时，随着机组额定容量的增大，所需电池储能容量也增大。

以某 200MW 的火电机组为例，对与其具备同等一、二次调频能力的电池储能

系统进行容量配置，并对两者的可靠性进行对比分析。

火电机组的频率偏差死区为 $\Delta f_{SQ} = \pm 0.033\text{Hz}$，一次频率调节幅度为由额定转速阶跃至 $(3000 \pm 12)\ \text{r/min}$，对应的负荷变化幅度 β 为 $\pm 10\%$，一次调频稳定时间 T_{prim} 为 40s，假设电池所规定的 SOC 上、下限 SOC_{Lim_up} 和 SOC_{Lim_down} 分别为 $\pm 10\%$，则可计算与此火电机组具备同等一次调频能力的电池储能系统所需功率与容量大小分别为 $P_{B\_prim} = 20\text{MW}$，$Q_{B\_prim} = 0.56\text{MWh}$。

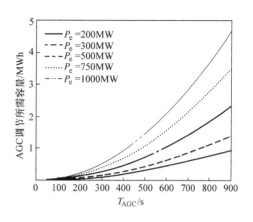

图 2-5　AGC 调频所需电池储能系统容量与持续时间关系图

火电机组的 AGC 功率调节范围中的 γ_1 为 50%，γ_2 为 100%，机组 AGC 每分钟功率变化率 μ_{AGC} 为 1%，火电机组每分钟可达到的最大变化率 μ_{max} 为 3% 左右，AGC 调频持续时间为 30～180s，因此，可计算与此火电机组具备同等二次调频能力的电池储能系统所需功率与容量大小分别为 $P_{B\_AGC} = 18\text{MW}$，$Q_{B\_AGC} = 1.88\text{MWh}$。

由此可知，与 200MW 火电机组具备同等一、二次调频能力的电池储能系统所需功率与容量分别为 $P_B = 20\text{MW}$，$Q_B = 2.44\text{MWh}$。也就是说，所需电池储能额定功率为 20MW，持续时间约为 8min。

2.2.3　经济性对比分析

不同调频电源的经济性对比分析是一项复杂的工作，一般可以从初始投资成本、运行期间的调节成本和调频收益分析几个方面进行分析。

1. 投资成本

以 2.2.2 节的结论为例，比较 200MW 火电机组与 20MW 电池储能系统的初始投资成本。目前，火电机组的建设成本平均约为 4500 元/kW，电池储能的投资成本约为 8000 元/kW，则 200MW 火电机组的初始投资约为 9 亿元人民币，20MW 锂离子电池储能系统的初始投资约为 1.6 亿元人民币。虽然火电机组单位功率的建设成本低于电池储能系统，但是单从电网调频这一功能来说，在同等调频能力条件下，其总体投资要高于储能系统。由于电力系统的二次调频任务本质上是平衡负荷 10s/3min 的短时随机波动，所以需要电量不多，以容量服务为主。因此，在电网装机容量无须增加的情况下，如果单纯从提高系统调频备用等角度考虑，可以优先考虑电池储能这一新兴技术。

2. 调节成本

对于火电机组来说，调节服务的成本主要包括热效率损失成本、增加的运行和维护成本、机会成本，以及对发电设备寿命的影响等。与发电机组恒定输出的状态相比，经常调整机组功率会降低热效率，增加所需的燃料量；同时，也会增加发电机组部件的磨损，增加平时的维护工作量，缩短发电机组的维修周期，增加更换磨损部件的费用。发电机组的某些部件是不可更换的，长期和频繁地调整机组功率对这些部件造成的磨损会缩短发电机组的整体寿命。除这些直接成本外，机组提供调节服务还会产生间接成本，如机会成本。预留的调频备用容量将丧失在主电力市场获取盈利的机会，调频备用容量越多，则失去发电量越多，机会成本也越大。

对于电池储能系统来说，充电时吸收功率，起到向下调频的作用；放电时发出功率，起到向上调频的作用。从长期来看，电网的负荷随机波动趋于正态分布，则储能平衡负荷功率波动的充放电量趋于相等，因此储能调频的成本主要在于其充放电效率不为100%带来的能量损耗。电化学储能中，以应用最广泛的锂离子电池为例，其充放电效率可达95%以上，运行成本较低。

3. 收益分析

根据国家电力监管委员会推出的《辅助服务管理实施细则》中的规定，有偿辅助服务是指并网发电厂在基本辅助服务之外所提供的辅助服务，包括自动发电控制（AGC），应予以补偿。在电力市场环境下，系统的调频功能由发电机组提供，从电力调度与服务提供者的对抗博弈角度看：一方面，电力调度者会倾向于通过合理调用提供辅助服务的机组，在保证电网频率稳定及安全运行的前提下，支付最低的调频补偿费用；另一方面，辅助服务的提供者则会通过提高机组性能等手段，从主电力市场及辅助服务中获得更多的收益。而调频补偿单价一般较为固定，几乎不受电网电价的影响，因而补偿的不确定性较低。

根据细则要求，华北电网率先研发了并网电厂管理考核系统，并提出了一个表征机组 AGC 调节效果的综合性能考核指标 K_P，覆盖响应时间、调节速率和调节精度三方面。K_P 越大，机组参与调频可能性越大，获得的补偿费用也越多。储能系统借助于电化学反应进行功率充放，响应速度快，能精确跟踪功率指令，综合性能考核指标 K_P 大，无疑可以从辅助服务市场中获得更多的调频补偿收益。而火电机组调频借助于机械惯性的作用，更加滞后和迟缓，相对储能系统来说 K_P 较小，在与储能系统执行的频率调节任务时，补偿费用也较储能系统更低。

另外，储能系统的运行减少了电网燃料消耗，也相应减少了污染物排放及其治理费用，不仅自身清洁生产，而且具有一定的环境效益。

2.3　调频优势分析

电池储能技术已被视为电网运行过程中"发－输－配－用－储"五大环节中

的重要组成部分。系统中引入储能环节后，可以有效地实现需求侧管理，消除昼夜间峰谷差、平滑负荷，不仅可以更加有效地利用电力设备，降低供电成本，还可以促进可再生能源的应用，也可作为提高系统运行稳定性、调整频率、补偿负荷波动的一种手段。电池储能技术的应用必将在传统的电力系统设计、规划、调度、控制等方面带来一定变革。

近几十年来，电池储能技术的研究和发展一直受到各国能源、交通、电力、电信等部门的重视。电能可以转换为化学能、势能、动能、电磁能等形态存储，按照其具体方式可分为物理、电磁、电化学和相变储能四大类型。电化学储能包括铅酸、镍氢、镍镉、锂离子、钠硫和液流等电池储能等。

电力的生产输送和使用三个环节是同时发生的，随着新能源的接入，电力的生产不再具有相对的稳定性，电力负荷的需求也是瞬息万变，一般情况下电能较难储存。一天之内，白天和前半夜的负荷需求较高；下半夜大幅度地下跌，低谷有时只是高峰的一半甚至更少。新能源发电也因气候等原因而导致电力生产的波动性。鉴于这几种情况，发电设备在负荷高峰时段、新能源电力输出小时要满发；而在低谷时段，若新能源电力输出大，就会存在弃水、弃风、火电压出力或关停机的情况，增加能源损失。采用储能设施，将电网中多余的电力储存起来是最理想的。大容量储能技术大规模应用可有效降低昼夜峰谷差、提升电网稳定性和电能质量水平、促进新能源大规模接入电网。电池储能技术在电力系统中的应用已成为未来电网发展的一个必然趋势。

电池储能系统利用电池将电力系统低谷时段剩余的电力存储起来，待到电网负荷高峰或故障时，再将电能释放至电网。电池储能系统是通过能量转换装置，将电力系统的电能在时间上重新分配，以协调供需在时间上的不一致性，从而使电力系统达到安全、经济运行的目的。

基于电池储能系统的自动化程度高，增减负荷灵活，对负荷随机、瞬间变化可做出快速反应，能保证电网周波稳定，从而起到调频作用。其通过与常规机组的调速器、现有的自动发电控制系统有效结合，参与电网的一、二次调频，维持系统频率处于标准范围之内，可成为提高电力系统对可再生能源的接纳能力，并减少旋转备用容量需求的有效途径。其优势可以概括如下：

1）电池储能系统的响应速度快，响应速率高，且易改变调节方向。电池储能系统一般通过高频电力电子装置接入电网，没有能量转换过程所需的延迟和惯性，可以快速调整与电网之间功率交换的大小与方向，及时快速地跟踪可再生能源的功率波动。对由于可再生能源发电变化和电网故障所造成的频率快速下降，可以快速响应并减小系统频率变化率和频率偏差幅值，为响应较慢的同步发电机启动调频提供足够的时间，为电网可靠安全运行提供足够的调频时间裕度。

2）电池储能调频具有多时间尺度特性。大规模电池储能系统容量配置灵活，根据系统的不同需求，可以实现故障调频（毫秒极）、一次调频（秒级）、二次调频（分钟级）和三次调频（小时级）的多时间尺度调频应用，从而满足系统在不同运行方式下对频率调整的要求。

3）电池储能系统不存在不灵敏区的问题，能更好地完成一次调频任务，减轻二次调频的负担。传统调频电厂设置调速系统不灵敏区，为了躲开电力系统频率幅度较小而又具有一定周期的随机波动，减少调速系统的动作，减少阀门位置的变化，提高发电机组运行的稳定性。由于不灵敏区的存在，在系统扰动情况下，频率和联络线功率振荡的幅值和时间都将增加，将加重二次调频的负担。

4）电池储能系统可减少系统备用容量的需求。发电厂在执行调频的发电计划曲线时，存在着未能精确按照规定时间增减出力的情况，而电池储能系统则可以快速、精确地按照规定时间加减出力，这在一定程度上可减少因传统调频机组爬坡慢而导致的额外调频设备的调度。

5）减少调频机组磨损。传统调频机组经常处于变化状态，会造成能量的损耗和设备寿命的损耗。对于电池储能系统来说，频繁地充放电对储能系统本身的设备损耗与影响极小。

6）电池储能系统更环保。与传统调频电厂相比，大规模电池储能系统参与调频时不产生任何气体，即使根据CO_2足迹考虑，电池储能系统排放的温室气体是燃气机组的50%，燃煤机组的20%；同时，传统调频电厂参与调频时燃料消耗增加约为1%。因此，电池储能系统有效地降低了燃料消耗，降低温室气体排放，可对实现2020年减排45%的目标做出突出贡献。

7）储能调频的效率高，运行维护费用较少。目前，国外示范运行的调频电厂中锂电池效率高达90%。此外，电池储能调频电站基本不消耗燃料、水等资源，运行维护费用较少。此外，储能电站还具有安装地点灵活，建设周期短等优点。

基于上述优点，大规模储能系统应用于电网调频是一个新的研究方向，其可行性正被业界认同。最近几年，日本、美国、欧洲及中东地区的一些国家正在大力推广和应用先进的大容量电池储能技术。美国联邦能源管制（调度）委员会（Federal Energy Regulatory Commission，FERC）同意在纽约和中西部电力系统独立运营商（ISO）采用非发电（No–Generation）调度服务商–有限储能电源（Limited Energy Storage Resources，LESR）参与快速调频，并采取储能电价收入和快速响应调频收入等措施扶持和发展大规模储能系统参与系统调频。

我国国家能源局、国家发展改革委等五部委联合发布的《关于促进储能技术与产业发展的指导意见》（发改能源〔2017〕1701）明确指出：鼓励储能与可再生能源场站作为联合体参与电网运行优化，接受电网运行调度，实现平滑出力波动、提升消纳能力、为电网提供辅助服务等功能。建立健全储能参与辅助服务市场机制。参照火电厂提供辅助服务等相关政策和机制，允许储能系统与机组联合或作为独立主体参与辅助服务交易。完善用户侧储能系统支持政策。结合电力体制改革，允许储能通过市场化方式参与电能交易。支持用户侧建设的一定规模的电储能设施与发电企业联合或作为独立主体参与调频、调峰等辅助服务。结合电力体制改革，研究推动储能参与电力市场交易获得合理补偿的政策和建立与电力市场化运营服务相配套的储能服务补偿机制。推动储能参与电力辅助服务补偿机制试点工作，建立相配套的储能容量电费机制。

2.4　调频效率分析

储能系统尤其适合于调频领域，因为许多储能技术（例如电池储能）响应速度较快。频率控制通过输出功率的快速增减，使发电功率与负荷响应变化保持平衡。更快的响应自然会使得控制更精确和高效。电池储能系统几乎能够实时跟踪区域控制误差，而发电机的响应则很慢，有时会违背区域控制误差。

为什么说快速响应控制可使对调控容量的需求更少？第一，灵活爬坡快的设备能够更快地实现调度目标从而快速实现再调度。因此，相比较而言快速调频设备能提供更多的区域控制误差校正。第二，因为爬坡较慢的设备无法快速改变方向，所以它们有时会提供反向调节。最终，慢转发电机有时会增加区域控制误差，因此需要额外的调频设备的调度来抵消它们的负面影响。

由以上分析可知，爬坡速度慢的燃煤机组明显不能精确地跟踪调度下发的调频指令，甚至在某些恶劣的时段还提供了反向调节，以至加剧频率的偏差。相比较而言，爬坡速度快的电池储能系统比爬坡较慢的燃煤机组能提供更多的区域控制误差校正。

同时，快速响应率也带来了更高的调节效率，意味着1MW的储能不等于1MW的传统发电机组。太平洋西北国家实验室（PNNL）认为理想的快速响应设备具有瞬时响应、高精度和无限能量。例如，根据PNNL的设想，如果该理想设备存在，它的效率将是燃气轮机的2.7倍。加利福尼亚州能源委员会最新的调查进一步证实这些说法，得出结论：具有快速响应能力的大规模储能系统的调频效果是传统调频手段的2~3倍。这意味着，用于调频的100MW的储能系统和200~300MW的燃气机组具有相同效果。

在我国的能源结构中，火力发电占比最大，占83.16%，其次是水电，占12.37%，核电、风电及其他新能源的比例也日渐提高，能源结构比例如图2-6所示。在火力发电中，燃气轮发电机组在电源结构中的比重在2010年为6.1%，到2020年预计为11%。燃煤机组的比重最大，所占的比重约为77%。

不同类型的发电机有着不同的爬坡速率，在现有的发电机类型中，水电机组的发电功率变化范围大，响应速率高。根据IEEE的统计资料，绝大部分的水电机

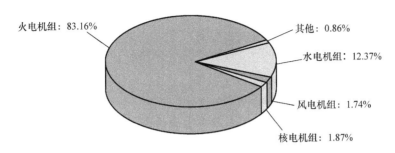

火电机组：83.16%　　其他：0.86%

水电机组：12.37%

风电机组：1.74%

核电机组：1.87%

图 2-6　各类型发电机在能源结构中的比重图

组的响应速率在每秒 1% ~ 2% 额定出力之间。其次为联合循环燃气轮机，每分钟的爬坡速率大于 5% 的额定出力。国内各类型发电机的响应速率见表 2-2。

由于燃煤机组在我国的能源结构中所占的大份额，所以在电力调频中起主要作用的是燃煤机组。因此，本节将针对燃煤机组与电池储能系统的调频效率进行定量比较。

表 2-2　各类型发电机的响应速率表

发电机类型	爬坡速率
汽包炉式燃煤机组	3% MCR/min
直流炉式燃煤机组	20% MCR/10min
联合循环燃气轮机	大于 5% MCR/min
核电机组	3% MCR/min
水电机组	1% ~ 2% MCR/s

假定燃煤机组进行调频时按照每分钟 3% 的功率爬坡速度，因此用大约 30min 才能够使燃煤机组从零功率输出到满发功率。设想发电功率突然下降，为了满足北美电力可靠性委员会制定的标准，必须在下一个 10min 内并入 25MW 功率。换句话说，在下一 10min 内，系统经营者需要从所有调频机组那里获得每分钟 2.5MW 的功率增长速度。如果只有燃煤机组以每分钟 3% 的功率爬坡速度调频，则需要 83.3MW 的燃煤机组满足调频需要。相反，25MW 的储能能够在 20ms 内提供 25MW 的额定功率。

电池储能系统的瞬时利用性可使系统经营者以有序的方式控制区域控制误差的同时提供足够的时间并入传统机组中（旋转备用或非旋转备用）。在上述例子中，25MW 的储能相当于 83.3MW 的燃煤机组或其 3.3 倍的发电机组。这个倍数可以更大（如果调度员在几分钟以后才发现问题）或更小（系统里有更快的发电机并网）。由此可知，储能系统的平均调频效率是燃煤机组的 $3.3X$ 倍。

2.5　效益分析

电池储能系统在参与电力调频的应用中，不仅具有节省电力系统的投资和运行费用，降低单位煤耗，达到节约燃料消耗等静态效益，而且由于其响应快速、运行灵活可满足系统运行中的调频需要而产生的动态效益。另外，电池储能系统运行减少了电网燃料消耗，也相应减少了污染物排放及其治理费用，不仅自身清洁生产，而且具有一定的环境效益。

2.5.1 电池储能系统调频的静态效益

由于储能系统的调频作用，大大改善了系统中火电、水电和核电机组的运行条件，使得这些机组基本上保持在高效率区稳定运行，在运行过程中不必频繁增减出力或开停机组，降低了单位煤耗，从而达到节约燃料消耗的目的。电池储能系统的静态效益包括节省电力系统投资和节省电力系统固定运行费。

1. 节省电力系统投资

储能系统投入调频的应用，可优化电网的电源构成，减少火电装机容量。目前我国燃煤火电投资大多高于抽水蓄能电站。据我国近期完成的可行性报告，燃煤火电站投资为已立项或即将立项的抽水蓄能电站的静态投资的 1.1~1.3 倍。

基于美国以往至 2010 年广泛的文献观点和专家们研究结论中获得的评估，得出表 2-3 中的经济效益分析，括号中的数值为 2019 年预计达到的目标。

表 2-3　不同调频手段的经济效益分析

参数	NaS 电池	Li-ion 电池	抽水蓄能站	燃气轮机	燃煤电厂
电池成本/(美元/kWh)	415（230）	1000（510）	—	—	—
系统成本/(美元/kW)	—	—	1750（1890）	695（723）	比抽水蓄能站高 1.1~1.3 倍
PCS/(美元/kW)	200（150）	200（150）	—	—	—
BOP/(美元/kW)	100	100	—	—	—
O&M 成本/(kW·年)	0.46^2	0.46	4.6	12.75	比抽水蓄能站高 1.8~2.3 倍
O&M 成本/(美元/kW·年)（PCS）	2	2	—	—	—
O&M 可变成本美分/kWh	0.7	0.7	0.4	0.376	—
循环效率	0.78	0.8	0.81	0.315	—
合计费用					

注：来自美国能源部的报告。

由表 2-3 可知，NaS 电池储能电站的静态投资成本最低，燃气轮电站机其次，锂离子电池储能电站的静态投资成本低于抽水蓄能电站和燃煤电厂。我国主要的调频电站为燃煤火电厂，而电池储能电站的静态投资成本低于燃煤火电厂。

电池储能系统因其应用特点（见表 2-4）分为有功率型与能量型两种不同的应用模式，不同的应用模式也有着巨大的静态投资成本差，功率型的 NaS 电池和锂离子电池储能系统的投资成本远远低于能量型的。而电力系统调频所需的储能系统为功率型的。

由图 2-7 可知，功率型的 NaS 电池和锂离子电池储能电站的投资成本低于燃气轮机电站，燃气轮机电站的投资成本低于燃煤电站。由此可见，电池储能电站替代燃煤火电站可为电力系统节省一定的电力建设投资。

表 2-4　电池存储与燃气轮机的应用特点比较（功率型与能量型）

类型	应用	应用特点	
		燃气轮机	电池存储
功率型	频率调整	● 需要燃料并有排放物 ● 爬坡速率为 20% 可利用容量/min	● 放电时长：15min ● 需燃料量和排放物为燃气轮机的 10% ~20% ● 爬坡速度几乎是瞬时的
能量型	其他辅助服务	同功率型	● 放电时长：15min ● 需燃料量和排放物为燃气轮机的 10% ~20% ● 爬坡速度不重要 ● 对燃料与排放物的价格不敏感

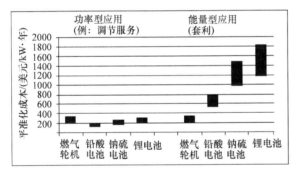

图 2-7　电池存储与燃气轮机的经济比较图（功率型与能量型）

（数据来源：西北太平洋的报告）

2. 节省电力系统固定运行费

固定运行费包括固定修理费、人员工资福利、劳保统筹和住房基金等。工资福利等均与电厂职工人数成正比，电池储能电站的运行人员少，远远低于火电厂定员水平。加之电池储能电站的建筑物和机电设备维修费用比火电要少。由表 2-3 可知，NaS 电池和锂离子电池电站的运行与维护成本远低于燃煤火电站。

2.5.2　电池储能系统调频的动态效益

与传统调频机组相比，电池储能系统在调频中产生的动态效益主要体现在：减少旋转备用容量、减少区域控制误校正所需的调控容量，以及因所需调频容量减少而使额外间接成本降低等。

1. 减少调频需要而运行的旋转备用容量

电力系统在实际运行中，由瞬间负荷波动和短时计划外负荷增减，新能源发电系统输出功率的波动，均会导致系统频率的变化。为了维持系统频率的稳定，要求有一定的火电机组处于旋转状态，即不带足额定出力运行，预留一定数量的负荷备用容量，从而增加了燃料消耗。

电池储能系统响应速率快，自动化程度高，增减负荷灵活，对负荷随机、瞬间变化可做出快速反应，能保证电网周波稳定，起到调频作用。储能系统调频效率是燃煤机组的 $3.3X$ 倍，加入储能系统后，可减少 $2.2X$ 倍的旋转备用容量。

传统调频机组处于热备用状态需要消耗燃料，而电池因维持热启动状态而所需的能量相对来说要小得多，几乎可忽略不计。

2. 减少区域控制误校正所需的调控容量

传统调频电厂因爬坡较慢而无法快速改变方向，有时会提供反向调节，以致有时会增加区域控制误差，而需要额外的调频设备的调度来抵消它们的负面影响。

电池储能系统对调度的调频指令可在瞬间进行响应，且出力精确，能够更快实现调度目标，并可快速实现再调度。因此，它可提供更多、更精准的区域控制误差校正，从而减少传统调频电厂因反向调节而带来的负面调节容量。

3. 因所需调频容量减少而使额外间接成本降低

使用传统调频设备实现相同的目标不仅需要更多的装机容量，而且因此导致的额外间接成本往往不被考虑，如旋转备用容量和调控容量需求等增加给现有设备带来的压力，导致额外的维修成本和潜在的寿命降低等。

电池储能设备则能使调频所需的装机容量减少，因此会使因它们导致的额外间接成本减少。

2.5.3　储能系统调频的环境效益

当发电机组被迫在线运转以满足调频需求时，过多地使用会产生更多温室气体。当电网并入更多的可再生能源，加大对清洁能源的利用时，电池储能可以最大限度地利用这些资源。

由表 2-5 可知，在基荷状态下实现同样的调控容量时，飞轮储能系统比燃煤机组、天然气机组和抽水蓄能机组减少 CO_2 的排放量分别为 72%、53% 和 26%，减少 SO_2 的排放量分别为 94%、0 和 26%，减少 NO_X 的排放量分别为 87%、20% 和 46%。

电池储能系统的循环效率高于飞轮储能系统，因此，其因减少 CO_2、SO_2 和 NO_X 等排放物而带来的环境效益也是很可观的。降低温室气体排放，对于实现 2020 年我国单位 GDP 的 CO_2 排放比 2005 年下降 40%～50% 的目标做出了突出贡献。

表2-5　飞轮储能调频与传统调频机组相比，减少的排放物表

超过20年运行寿命的飞轮储能系统减少的排放物					
		燃煤机组		天然气机组		抽水蓄能
		基荷	峰荷	基荷	峰荷	
CO_2	飞轮	91079	91079	91079	91079	91079
	传统机组	322009	608354	194534	223997	123577
	减少量	230930	517274	103455	132917	32498
	减少百分比	72%	85%	53%	59%	26%
SO_2	飞轮	63	63	63	63	63
	传统机组	1103	2803	0	0	85
	减少量	1041	2741	−63	−63	23
	减少百分比	94%	98%	n/a	n/a	27%
NO_X	飞轮	64	64	64	64	64
	传统机组	499	1269	80	118	87
	减少量	435	1205	16	54	23
	减少百分比	87%	95%	20%	46%	26%

注：数据来源于 California Energy Storage Alliance。

下面以一个简单的例子来描述储能系统是如何实现如表2-5中所描述的实现减排目标的。

以利用我国新型的超超临界电厂为一个 100MW/400MWh 的锂离子电池储能系统充电用于调峰为例。假设该电池储能系统的转换效率为90%，超超临界电厂碳排放为 0.72t/MWh，电池储能系统每天充电所需能量400MWh，峰值时每天供电量360MWh。储能系统在峰值时放电，替代每兆瓦时产生 1t CO_2 的较传统的超临界电厂，每天碳排放量为

$$360MW(1t\ CO_2/MWh) - 400MW(0.72t CO_2/MWh) = 72t\ CO_2 day$$

由此可知，利用传统调频电厂实现 360MWh 的调峰任务产生的 CO_2 排放量为每天360t；利用储能系统实现同样的目标而产生的 CO_2 排放量为每天72t。减少 CO_2 的排放量为80%。

2.6　小结

在我国，大量的燃煤电厂参与了电力系统的频率调节。但大部分火电厂运行在非额定负荷以及做变功率输出时效率并不高，并且由于调频需求而频繁地调整输出功率会加大对机组的磨损，影响机组寿命。因此，火电机组并不十分适合于提供调频服务，如果电池储能设备与火电机组相结合共同提供调频服务，可以提

高火电机组运行效率，大大降低碳排放。

本章对储能系统适于辅助电网调频的特性进行了分析，分析结果表明：电池储能系统具有高倍率和高循环寿命的特点，是电化学储能技术中最适于辅助调频的电池类型。在出力特征方面，火电机组适合于大幅度、连续、单向的升降负荷，但难以对频繁发生的调频功率指令信号进行精确跟踪；而电池储能响应功率指令的速度在毫秒级，非常适合于调节小幅频繁的负荷波动调节。在等效调频容量方面，由于火电机组与储能系统在一次调频方面均具备优良性能，不存在储能系统远优于火电机组的情况；但对于二次调频，由于火电机组的爬坡速率问题，较小容量的储能可以替代较大容量的火电机组进行调频。在经济性方面，储能的建设成本较高，但是调节成本很低，预期调频补偿收益高，环境效益好，因此，在储能技术成本逐步下降的未来，储能辅助调频的收益将非常可观。

第 3 章

国内外电池储能系统
调频案例分析

从 2008 年开始,一些新兴的储能技术开始逐步成规模地进入调频市场。美国的调频电力市场受益于 2011 年颁布的 FERC755 号令,即对能够提供迅速、准确的调频服务的供应商进行补偿,而不仅是按基本电价付费。储能作为比传统电力资源响应速度更快、更准确的调频资源,能够获得更公平、更合理的价格补偿。为了确实执行 FERC755 号令,2013 年部分区域电力市场 ISO/RTO,如 PJM、CAISO 和 NYISO 纷纷在该法令框架下制定详细规定,这也激励了储能厂商在辅助服务方面的快速发展。随着 FERC755 号令的发布以及各区域 ISO/RTO 的后续推进,储能作为调频资源正逐步通过合理的投资回报在美国多个电力市场中迅速实现商业化。在储能系统参与电力调频的工程应用方面,自 2008 年始,A123、Xtreme Power、Altairnano 等公司已投建多处示范项目,涉及锂离子电池等多种储能技术类型,系统容量从 1.1MW/0.5MWh 到 20MW/5MWh 不等,并取得一定成果。

对于国内,值得注意的是,原国家电力监管委员会推行的"两个细则"已经在我国调频领域建立了一个"准市场",尤其是在京津唐区域电网内,自动发电控制(AGC)补偿的金额已达到区域电量市场的 0.3% 左右。虽然相比美国几个主要的 ISO 范围内 0.7%~1.5% 的比例我国的 AGC 调频补偿金额还相对较少,但已经可以在此规则下开展一些商业化的试点项目。

3.1 国内典型案例

3.1.1 国家风光储输示范基地

国家风光储输示范工程位于河北省张家口市张北县、尚义县境内,是国家"金太阳"项目重点工程、国家电网公司智能电网首批试点项目之一,如图 3-1 所示。规划建设风电 50 万 kW、光伏发电 10 万 kW、储能装置 11 万 kW。储能电站将示范不同技术路线的化学储能技术,以锂离子电池为主,液流等电池类型为辅,

图 3-1   位于我国张北的具备调频功能的储能电站

试验探索不同储能技术的性能，通过利用大规模储能监控系统对上述设施进行统一充放，实现平滑风光功率输出、跟踪计划发电、削峰填谷、参与系统调频四项功能。2011 年年底，14MW/63MWh 的磷酸铁锂储能系统全部投产。

3.1.2　南方电网宝清电池储能电站

南方电网 MW 级宝清电池储能站位于深圳龙岗区，设计规模为 10MW×4h，如图 3-2 所示。2011 年 1 月，第 1MW 投运，目前已投运 4MW×4h。其主要用于跟踪计划发电、削峰填谷、参与系统调频、旋转备用和抑制闪动等。

图 3-2　深圳龙岗的宝清电池储能电站

3.1.3　北京石景山热电厂 2MW 锂离子电池储能电力调频系统

2013 年 9 月 16 日，北京石景山热电厂 2MW 锂离子电池储能电力调频系统挂网运行，这是我国第一个以提供电网调频服务为主要目的的兆瓦级储能系统示范项目。它对电网提供 AGC 调频服务。这是一个商业性的项目，主要目的是验证储能在电力调频领域中的商业价值。该储能系统的功率为 2MW，容量为 500kWh，所用电池为 A123 生产的圆柱形磷酸铁锂电池，PCS 为 ABB 公司生产，由 100kW 模块并联组成 2MW，统一连接到 380V 交流母线上，经升压器并到电网。

3.2　国外典型案例

美国、智利和巴西等国家均在大规模储能系统应用于电力系统调频方面开展了大量研究与应用示范，包括对储能系统和传统的燃气轮机的调频性能与效果进行了比较，对加入储能系统可减少因新能源大规模并网而急剧上升的调频容量需求进行了分析研究，对不同类型的储能系统调频的经济性与效果进行了理论研究与仿真分析，并对促进储能系统参与电力调频广泛应用的政策进行了提议等。由

A123、Xtreme Power 和 Altairnano 等公司投建的多处示范项目可知，应用于频率调整的储能类型大多为响应速度快的锂离子电池储能与飞轮储能两种。

3.2.1 北美主要储能调频项目情况

表 3-1 列出了近年来美国的部分储能调频项目。

表 3-1 北美储能项目情况

区域电力市场	项目名称	规模	储能技术
	泰特储能系统	40MW	锂离子电池
PJM	劳雷尔山储能系统	64MW/8MWh	锂离子电池
	巴巴多斯储能系统（Project Barbados）	2MW	锂离子电池
	红石储能系统（Red Stone Project）	2MW	锂离子电池
ERCOT	诺特里斯风能储存示范项目	36MW/24MWh	铅酸电池
	普雷西迪奥电池储能系统	4MW/32MWh	钠硫电池
CAISO	佐野储能系统（Project Sano）	4MW/0.5MWh	钠硫电池
NYISO	约翰逊城储能系统（Johnson City energy storage）	20MW/5MWh	锂离子电池
MISO	卡瑞娜储能系统（Project Carina）	4MW	锂离子电池

1. 泰特储能系统

泰特储能系统（Tait energy storage array）是锂离子电池技术储能系统，由 AES 公司设计建造，额定功率为 40MW，投资约为 2000 万美元，平均每兆瓦功率成本 50 万美元。它位于俄亥俄州代顿电力和照明公司的代顿发电厂中，通过该发电厂的变电站接入电网，靠近电站现有操作系统，但是与 PJM 电力市场签署了独立的协议，响应其指令。泰特储能系统在 2013 年第三季度实现了商业运营，为 PJM 互联电网提供快速响应调频服务，维持电网稳定。这项新技术不同于传统的电力资源，其操作不需要用水和燃料，也不会产生直接的污染物排放，提供的电量作为自由运行备用容量。该项目作为第一大储能项目，其经济收益来源于 PJM 市场对快速响应调频资源的新资费规定，系统根据 FERC755 号令设计制定。

2. 劳雷尔山储能系统

劳雷尔山储能系统（the Laurel Mountain project）是世界上最大的风电场——劳雷尔山风力发电场（装机容量 98MW）的一个集成部分，是与该风力发电共同发展起来的，额定功率为 32MW，容量 8MWh。位于西弗吉尼亚州的贝灵顿，由 AES 公司设计建造，采用 A123 公司先进的锂离子电池技术制造而成，投资约为 2900 万美元。该储能项目用于为 PJM 电力市场提供调频服务，同时协助管理风况波动时发生的输出功率快速变化的状况。该项目于 2011 年第三季度实现了商业运营，目前提供的电量在 PJM 市场中作为自由运行备用容量，能精确响应 4s 时间间隔的 AGC 指令，参与 PJM 市场的日前竞价。该项目是第一个从 PJM 电力市场根据

FERC755 号令设计制定的关于快速响应调频资源新资费规定中获益的大型储能项目。在这项新资费方案下，储能企业可以得到比传统调节资源更多的经济收益。

3. 诺特里斯风能储存示范项目

杜克能源企业服务诺特里斯风能储存示范项目（Notrees Wind Storage Demonstration Project），是美国能源部负责的一项公用事业规模的项目。其储能系统顺利集成了频率调节和电能转移的功能，将可再生能源电力输送给全州电网。该储能系统是由 Duke Energy 公司设计建造的，采用 Xtreme Power 公司先进的高级铅酸电池技术，设计功率为 36MW，容量为 24MWh。储能电池接入 34.5kV 风电场（156MW）集电系统，具备独立的储能控制系统，以实现 TDSP 和 ERCOT 对其完全控制。该项目在 2012 年 12 月份投入运行，储能系统既配合风电场运行平滑其风电功率波动，同时也作为 ERCOT 市场的频率调节资源被直接调用，成为 ERCOT 的快速调频服务试点项目。该项目是在北美风电场中最大的电池储能项目。

4. 普雷西迪奥电池储能系统

2010 年，得克萨斯州的普雷西迪奥部署了美国最大的钠硫电池，普雷西迪奥位于 20 世纪 40 年代 100km 输电线路的末端。在该电池储能站建设之前，这条输电线路是普雷西迪奥唯一的供电来源。鉴于电网连接老化，难以应对雷电风暴，停电频发，投资电池储能站将大大改善这种状况。普雷西迪奥电池储能系统（Presidio battery storage）采用的是钠硫电池技术，设计功率为 4MW，配有四象限变频器的功率转换系统，能够提供给城市 4000 位居民长达 8h 的电力。该系统由芝加哥 S&C 电气公司安装，由得克萨斯州当地的公用事业控制电池功能，特别是在电网非高峰时期储存电能，并根据电网需要进行再调度。

5. 洛斯安第斯锂离子电池系统

AES 发电公司的洛斯安第斯变电站位于智利北部的伊基克地区（Atacama Desert），为这里重要的矿区提供电能。为了保证电网应对发电量损失的可靠性，该区域的电力供应商均保留了部分容量，以满足一次和二次调频的系统备用容量要求。如果找到替换办法来满足电网可靠性的要求，那么将能为该重要地区提供更多的发电量。AES 发电公司和储能公司共同开发了一套解决办法，即用先进的锂离子电池系统来提供电厂应满足的一次、二次调频的部分备用容量要求。2009 年，AES 发电公司与 A123 公司和 Parker – Hannifin 公司合作，设计建造了洛斯安第斯锂离子电池系统（Los Andes Li – Ion Battery System）。它位于智力的科皮亚波，接入洛斯安第斯变电站，用于提供关键的应急服务，以维持智利北部电网的稳定。该系统额定功率为 12MW，容量为 4MWh，可以工作在调度模式和独立模式，直接响应系统频率偏差。持续监视电力系统的状况，如果产生重大的频率偏差，如发电机跳机或传输线路断电，洛斯安第斯系统能几乎瞬时提供高达 12MW 的功率或负荷，可以保持 20min 的满功率输出，允许系统操作员来处理事故或是开启其他的在线备用机组。该项目的快速频率响应能力有助于改善系统的恢复响应，避免不必要的应急甩负荷，满足对火电厂预留备用容量的要求，提高了 4% 的发电量。

3.2.2 国外电池公司相关储能项目介绍

1. 美国 A123 公司锂电池储能系统

美国 A123 公司已开发出 2MW×0.25h 的 Hybrid-APU 柜式磷酸铁锂电池储能系统。2009 年开始，美国 AES 发电公司与 A123 公司合作，在其电网中安装多个 Hybrid-APU 柜式储能系统，主要应用于电力系统的频率控制之类的辅助服务。如南加利福尼亚的锂离子电池储能系、智利锂电池储能站（见图 3-3 和图 3-4）和 Johnson City 的储能系统等，见表 3-2。

表 3-2 储能应用于频率调整的项目情况表（美国 A123）

项目所在地	储能类型	储能容量大小	运行时间
南加利福尼亚	纳米磷酸锂电池	2MW	2009 年初
智利	纳米磷酸锂电池	12MW/4MWh	2009 年 11 月
NYISO	纳米磷酸锂电池	8MW/20MWh	2010 年 12 月

注：数据来源于 California Energy Storage Allance。

图 3-3 位于智利的应用于频率调整的 12MW/4MWh 储能电站图

图 3-4 位于 PJM 的应用于频率调整的 20MW/5MWh 飞轮储能电站图（2011 年 12 月投产）

2. 美国 Xtreme Power 公司

美国 Xtreme Power 公司研发的 Solid State Dry Cell 储能系统，已成功得到应用。美国欧胡岛（夏威夷群岛之主岛）Kahuku 的 30MW 风电场日前配备了 Xtreme Power 公司 15MW/10MWh 的 Solid State Dry Cell 储能系统（见图 3-5），这是美国迄今为止最大的应用于风电场的储能系统。其主要用于系统调频、平滑风电功率输出和旋转备用。项目应用情况见表 3-3。

图 3-5　位于 HECO 的应用于频率调整的 Solid State Dry Cell 储能电站图

表 3-3　储能应用于频率调整的项目情况表（美国 Xtreme Power 公司）

项目所在地	储能类型	储能容量大小	市场份额	运行时间
MECO	固态干电池	1.5MW/1MWh	15% 的调节市场	2010 年
HECO	固态干电池	15MW/10MWh	10% 的调节市场	2011 年
MECO	固态干电池	1.1MW/0.5MWh	50% 的调节市场	2011 年

注：数据来源于 California Energy Storage Allance。

3. AltairNano 公司

AltairNano 公司开发的是钛酸锂（Lithium Titanate）电池储能系统。其在 PJM 实现了此储能系统在频率调节方面的应用。该储能站（见图 3-6）的容量大小为 1MW/250MWh，占调节市场份额的 0.1%，于 2008 年投产运行。

图 3-6　位于 AltairNano 的应用于频率调整的钛酸锂储能电站图

第4章

电池储能系统调频
规划配置技术

电池储能参与电网调频应用还有一系列的理论和技术问题需要解决，选址和容量配置是优化规划和运行控制层面的关键问题，也是其推广使用的最基本问题，科学合理地配置储能是储能应用规划的重要环节，也是推动其进入调频市场的基础。

4.1　选址规划

储能系统的选址要根据具体的指标进行评估，指标的选取应考虑到储能系统接入电网后能为电网提供快速的功率支撑，提高电网电压稳定水平，降低网络损耗，改善系统的小干扰稳定性等。

4.1.1　电池储能系统参与电网调频的选址概略

鉴于电池储能系统动态吸收和释放能量的特点，科学合理地在电力系统中配置储能，能有效弥补新能源发电的间歇性和波动性，改善电能质量、优化系统运行的经济性。近年来，电化学储能、抽水蓄能、飞轮等储能系统（BESS）已经规模化应用到了电力系统中，在电力系统中的比例不断增加，对电力系统影响程度也与日俱增，同时也使得电网总体规划的复杂性大大增加。如何充分发挥储能系统参与电力系统调频应用的潜力与优势，其选址是第一步，需综合以下几方面因素。

1. 储能的技术特点与成熟度

在物理储能领域，抽水蓄能和压缩空气储能是发展最快的两种储能技术。据统计，抽水蓄能是全球装机规模最大的储能技术，占全球总储能容量的98%，日本、中国、美国的装机位列全球前三位。抽水蓄能的单机规模已达300MW级，是目前发展最为成熟的一种储能技术。压缩空气储能目前已在德国（Huntorf 321MW）和美国（McIntosh 110MW，Ohio9 × 300MW，Texas4 × 135MW 和 Iowa200MW 项目等）得到了规模化商业应用。在新型压缩空气储能方面，国际上只有中国科学院工程热物理研究所（1.5MW 超临界压缩空气储能、10MW 先进压缩空气储能）、美国 GeneralCompression 公司（2MW 蓄热式压缩空气储能）、美国 SutainX 公司（1.5MW 等温压缩空气储能）和英国 HighviewPower 公司（兆瓦级液态空气储能）四家机构具备了兆瓦级的生产设计能力。在国内压缩空气储能技术研发与产业化方面，中国科学院工程热物理研究所处于绝对领先地位。该研究所于2013年建成了国际首套1.5MW 示范系统，并实现了产业化；2016年建成了国际上唯一一套10MW 级研发平台。同时还获批建设国家能源大规模物理储能技术研发中心，相关成果获得北京市科学技术奖一等奖、联合国工业发展组织全球可再生能源领域最具投资价值领先技术"蓝天奖"等。

在化学储能领域，铅酸电池因其技术成型早、材料成本低等优势，是目前为止发展最为成熟的一种化学电池。截至 2015 年，全球铅蓄电池的储能应用规模达到了 111.1MW。我国是铅酸电池的第一大生产国和使用国。锂电池在全球范围内已成为最具竞争力的化学储能技术，几年来发展势头迅猛，2013—2015 年锂电池全球装机翻倍，是应用规模增速最快的化学储能技术。目前锂离子电池用于储能电站的单一电站容量已达到 64MWh 的水平。近年来液流电池的发展较为平稳，全钒液流电池和锌溴液流电池的应用较多，主要应用于大规模可再生能源并网领域。国际上主要的液流电池研发机构包括大连融科、住友电工、UniEnergyTechnologies、ImergyPowerSystems 等，其中住友电工 2016 年在日本 Hokkaido 投运的 15MW/60MWh 液流电池储能示范电站是目前规模最大的液流电池储能项目。钠硫电池近三年的发展速度较为缓慢，日本 NGK 公司是唯一实现钠硫电池产业化的机构。2015 年 NGK 公司的钠硫电池储能系统发生火灾事件后，其逐步改进了电池结构并加强了安全性研发，目前仍然引领着全球钠硫电池的发展。中国科学院上海硅酸盐研究所在我国钠硫电池领域一直处于领先水平，近年来也逐步改进电池材料，研发了新一代的钠硫电池，在国际钠硫电池研发领域具有很强的竞争力。

储能技术多样，不同类型储能技术在应用时应考虑其技术特点与技术成熟度。通常如压缩空气储能技术、抽水蓄能技术发展较为成熟，但其应用选址要求较为严格，尤其是水源、地质、地势等客观环境因素。相对而言，电化学储能技术对应用安装环境要求则较低，具有环境友好的特点，且安装设计较为简易。

应当指出，储能系统的建筑形式主要包括站房式和集装箱式两种。站房式储能的使用寿命长且质量可得到保证，但其投资大、建设周期长。相对而言，集装箱式储能建设灵活性强、建设周期短、投入相对较少，但其质量难以保证，易出现箱体腐蚀、漏水等情况，存在安全隐患。因此，充分考虑储能系统的技术特点及技术成熟度，是储能应用选址的首要因素。

2. 相关政策及部门的支持度

鉴于储能在发输配售各个领域都有相关应用场景，储能已从技术研发、示范应用走向了大规模、商业化发展的道路。作为推动产业发展的引擎，政策对于储能产业参与电力系统的市场机制的设立、电价的核定、企业技术创新的激励、应用规模的扩大、社会资本的进入都具有至关重要的作用，储能的选址应结合相关政策。

电网企业、调度机构、储能业主单位和政府部门的积极主动配合，是储能应用规划者应当充分考虑的另一个因素。电网企业要主动为电储能设施接入电网提供服务、积极协助解决试点过程中存在的问题、按规定及时结算辅助服务费用。电力调度机构负责监测、记录电储能实时充放电状态，为电储能参与辅助服务补偿（市场）提供计量数据和结算依据。电力调度机构还要根据电网运行需要以及辅助服务市场规则，指挥相应的电储能设施进行充放电。电储能设施经营运行单位应主动加强设备运行维护，在保证电储能设施安全、可靠，并严格执行各类安全标准和规定的基础上，不断提升电储能的运行性能，配合电力调度机构实施充放电信息接入。政府各有关部门应做好试点的组织协调和督促落实工作，支持电储能项目的投资建设；相关派出机构应尽快完善现有辅助服务补偿机制，为电储能参与辅助服务搭建好制度平台；国土、水利、环保、城乡规划等部门也应给予试点项目必要的支持，优先开展相关工作。

从全球范围来看，储能产业也是处于成长之中。以美国为例，2007 年 890 法案确认了包括储能在内的非传统发电电源的市场主体地位；2011 年的 755 法案解决了储能系统参与电网调频市场获得合理回报的问题，要求电网为调频服务的效果支付调频补偿费用。2017 年之前，相关政策主要集中在美国、日本、德国、韩国等几个国家，这些政策的类型主要包括了储能发展规划、储能安装激励，还有对示范项目以及技术研发的支持。2017 年新发布的政策大概有 60 多条。其中关于储能发展规划的集中体现在美国，马萨诸塞州发布了 200MWh 的计划，美国还有一些州也是积极地研究制定适合本州的产业发展的规划。储能安装激励类的政策可提供一定的折扣、税收补免或者资金补贴，这对储能应用的效益具有直接影响，为其商业化应用打开了巨大空间，是储能应用规划者应当充分考虑的因素。

我国储能产业在项目规划、政策支持和产能布局等方面均加快了发展的脚步，可以说我国储能产业已渐露春意，正蓄势待发。我国抽水蓄能行业发展相对缓慢，而电化学储能市场的增速明显高于全球市场，光热储能目前尚处于起步阶段。得益于技术进步和成本降低，在目前无补贴的情况下，储能在峰谷价差套利、辅助服务市场及可再生能源限电解决方案上已经实现了有条件的商业化运行。据中关村储能产业技术联盟（CNESA）项目库的统计，2016 年有多个大型项目规划或投运，我国新增投运储能项目规模 28.5MW，储能装机规模保持持续快速增长态势。同时，能源政策密集出台，储能已逐步成为规划布局的重点领域，各地方政府也随之布局储能项目与示范，助推当地产业转型升级。在未来几年里，随着可再生能源行业的快速发展，储能市场也将迎来快速增长。

4.1.2　电池储能系统参与电力系统调频选址步骤与模型

目前内外已经有大量学者围绕电池储能系统参与电力系统应用中的选址定容规划问题进行了研究。主要存在以下一些问题：过程中只考虑了 BESS 直接参与电力系统调频所带来的直接效益，而储能作为一种辅助调频手段，除了能够改善系统调频效果维持电力系统稳定，在与常规调频机组协调配合时还能减少其频繁切机磨损、延长使用寿命等隐形效益；现有的规划大多都是计及系统现有的调频需求而言，而随着我国经济的快速发展与日益增长负荷需求，电力系统的调频压力及需求也会越来越大，在进行调频规划时不仅要规划当下，更要规划未来，适合发展的需要。此外，对于储能规划定容选址方法的研究中，有一些将应用于变电站选址的人工智能算法（如遗传算法、人工神经网络法）直接应用于储能调频选址规划时，而忽略对储能自身充放电功率和容量以及充放电时间等条件的约束。如参考文献［58］以日平均运行维护和日平均投资费用总和最小为目标函数，对 BESS 和分布式电源联合规划的组合问题进行了研究；参考文献［59］也以储能参与调频经济性最优为目标函数，利用遗传算法中的混合整数规划（MILP）方法，建立了 BESS 规划、运行一体化的优化模型；参考文献［60］计及日益增长调频需求，建立综合考虑 BESS 的多重经济效益模型。

1. 电池储能系统参与电网调频的选址模型

储能调频选址受到很多因素的影响，是一个多目标决策的问题。可从技术和经济两个方面建立指标评估模型，评估储能系统各接入位置的优劣，从而进行合理的选址。因此，需对储能调频选址进行建模，并且在考虑储能调频成本与效益的基础上确定储能调频选址的目标函数和约束条件。

（1）目标函数

储能调频选址的目标函数一般包括技术指标和经济指标。经济指标主要包括储能的投资、运行成本以及调频收益；技术指标则指储能参与调频后对电力系统频率稳定水平的改善程度（即安全性、稳定性等）。因此，在综合考虑储能调频的投运成本和所带来效益的基础上选取储能的投资和运行成本、调频收益和对频率的改善程度为目标函数。

$$\min F = \lambda_1 C_\Delta + \lambda_2 P_\Delta + \lambda_3 |\Delta f| \tag{4-1}$$

式中　　C_Δ——储能的日均投运总成本；

　　　　P_Δ——储能的日均调频总收益；

　　　　Δf——电力系统频日均频率偏差的无量纲值；

λ_1、λ_2、λ_3——各自所占的权重，且有 $\lambda_1 + \lambda_2 + \lambda_3 = 1$。

（2）约束条件

在进行储能调频选址时，不仅需要考虑系统运行状态的约束，同时也要考虑储能充放电功率以及容量的约束等。

1）系统频率约束，即

$$f_{\min} \leq f \leq f_{\max} \tag{4-2}$$

式中　$f_{\min}$、$f_{\max}$——分别为电力系统频率允许的下限和上限。

2）储能功率约束，即

$$-P_{\text{essmax\_ch}} \leq P_{\text{ess}} \leq P_{\text{essmin\_dis}} \tag{4-3}$$

式中　$P_{\text{essmax\_ch}}$、$P_{\text{essmin\_dis}}$——分别为储能的充放电功率上限和下限。

3）储能 SOC 约束，即

$$\text{SOC}_{\min} \leq \text{SOC} \leq \text{SOC}_{\max} \tag{4-4}$$

式中　　　　SOC——储能电源的荷电状态；

$\text{SOC}_{\max}$ 和 $\text{SOC}_{\min}$——分别为储能电源荷电状态的上限和下限。

4）储能充放电转换约束，即

$$T_c \geq T_{c\_min}$$

$$T_{dc} \geq T_{dc\_min}$$

(4-5)

式中　　T_c 和 T_{dc}——储能电源的放电持续时间和充电持续时间；

　　T_{c_min} 和 T_{dc_min}——最小的充放电持续时间[65]。

2. 电池储能系统参与电网调频的选址步骤与流程

电池储能系统参与电网调频的选址，应在考虑储能的技术特点与技术成熟度、相关政策及部门的支持度的基础上进行范围初定（即方案初选），并在此基础上，通过前文所建立储能系统参与电网调频应用的选址模型，得到储能调频选址的优化目标。在众多方案中，结合实际情况选取一种最优目标方案，通常可借助多目标优化算法对其有效分析与解决，如禁忌搜索算法、遗传算法、人工神经网络算法和群粒子算法等。除此之外，当将这些多目标智能算法应用到储能调频选址当中时，为适应储能调频选址的特殊性，还需要对这些算法进行修正，以满足需要。

电池储能系统参与电网调频选址的具体流程如图 4-1 所示。其主要步骤如下：

1）结合储能的技术特点与技术成熟度与相关政策及部门的支持度，初步确定储能系统的选址范围。

2）利用多目标优化模型结合初选范围，建立储能应用的目标函数及各约束条件。

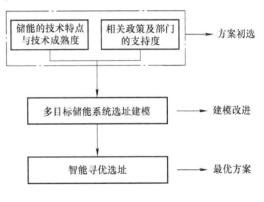

图 4-1　储能调频选址的步骤

3）利用多目标智能优化算法进行方案寻优与筛选，确定储能选址的最优方案。

4.1.3　电池储能系统参与电力系统调频应用的选址实例

1. 电源侧

（1）依托大规模新能源调频

1）张北风光储输一体化项目。

张北风光储输一体化项目是目前世界上规模最大的集风力发电、光伏发电、储能系统、智能输电于一体的新能源示范电站工程。运用世界首创的风光储输联合发电模式，采用新能源发电领域最新产品和装备，探索大规模新能源发电并网这一世界前沿技术。工程一期建设规模为风电 9.8MW、光伏发电 4MW、储能 2MW；2017 年底完成二期工程，建设规模改为风电 40 万 kW、光伏发电 6 万 kW、储能 5 万 kW。为解决新能源所带来的暂态稳定和调频等一系列问题，国家风光储输示范电站正在开展新能源的虚拟同步发电机实验研究，通过对新能源发电设备的控制，模拟传统火力发电机的惯量支撑、一次调频等能力，来为电网提供的稳定支撑。同时，为进一步示范物理储能的多项技术，也在开展压缩空气储能等相关建设。总之，作为新能源开发的国家名片，张北国家风光储输示范工程正在利用本身的各种优势，在国家电网的统筹安排下，为国家新能源建设提供新的活力。

2）龙源法库卧牛石风电场储能电站项目。

2011 年，龙源法库卧牛石风电场 5MW 全钒液流电池储能示范电站项目正式启动。2012 年 5 月，总投资 7000 多万元的卧牛石储能电站项目破土动工，历时 10 个月建成并投入运营。储能电站每天能循环充放电力 5 万 kWh，一年达 1800 多万 kWh，基本解决了卧牛石风电场的弃风限电问题。

3）北控清洁能源西藏羊易储能电站。

西藏羊易储能电站项目是由 30MW 光伏 + 20.7MWh 储能组成，位于海拔 4700m 的西藏当雄，是迄今为止世界上海拔最高的大型并网储能项目。双登集团在该项目中充分发挥了自身在储能方面的优势，运用成熟的储能 All－in－one 集装箱系统技术为西藏羊易项目提供 16 个储能集装箱，共用双登牌 LLC－1000 铅碳蓄电池 9600 只。

4）国电和风北镇风场大型混合化学储能示范项目。

北京华电天仁公司与国电和风公司合作，在北镇风电场开展了风电场大型混合化学储能示范项目。该项目完善了国电和风北镇风场的功能，完成了该风场项目核准批复的储能项目。国电北镇风电场风能资源丰富，已安装 1500kW 风力发电机组 66 台，装机容量为 99MW，风电场建有 66kV 升压站 1 座，储能项目建设在升压站旁，储能容量为 5MW×2h 磷酸铁锂电池 + 2MW×2h 全钒液流电池 + 1MW×2min 超级电容。

5）南澳全球最大太阳能电场 + 电池储能项目

2017 年 12 月 1 日，Tesla 在南澳建设的全球最大锂电池储能项目正式并网运行，项目规模为 100MW/129MWh，采用 Samsung SDI 的锂离子电池。该储能项目与法国可再生能源供应商 Neoen 开发的 Hornsdale 风电场联合配置，以期为南澳提供稳定清洁的电力。该项目因不到 100 天完成即交付使用而备受关注，展现了储能在短时间内应对电力系统危机的能力。

（2）提高常规电源频率响应特性

1）石景山热电厂 2MW 锂离子电池储能系统。

这是我国第一个以提供电网调频服务为主的兆瓦级储能系统示范项目，也是全球第一个将储能系统与火电机组捆绑，联合响应电网调频指令的项目。储能系统和石景山热电厂 3 号机组联合调频运行，两者联合调度需要避免劣势，寻找最佳工况。热储能项目投运以来，需要每天 24h 不间断运行，以满足电网 AGC 要求，平均 2min 左右就需要完成一次调节任务，充放电次数累计达到 40 万次以上。储能系统大部分时间运行在浅充、浅放状态，超过 10% 放电深度的调节任务仅占比 1.5%，保障了储能系统的运行寿命。储能系统总体充放电效率达到 85% 以上，其中电池的充放电效率达到 94% 以上，变压器、逆变器、线损、辅助供电的损耗约占 10%，储能系统可用率达到 98% 以上。

2）山西同达电厂储能 AGC 调频项目。

山西同达电厂储能 AGC 调频项目由中安创盈能源科技产业有限公司和深圳市科陆电子科技股份有限公司投资建设。该项目于 2017 年 3 月开工建设，建设规模为 9MW/4.478MWh。

3）同煤集团同达热电公司智慧储能调频项目。

同煤集团同达热电公司智慧储能调频项目（AGC）是一种与火电机组联动的智慧储能调频系统，于 2017 年 3 月开工建设，建设规模为 9MW/4.478MWh，2017 年 7 月试运行。该项目采用国内最为先进的电力调频技术，有效地改善了电网供电力量，大幅提高了对风能、太阳能等可再生能源的接纳能力。其总投资为 3400 万元，在半年的试运行期间，已经产生经济效益达 1000 多万元，回收成本 32% 左右，为国内电力企业推广此技术提供良好了的示范。

4）山西阳光发电有限责任公司 2 号机组实施了"联合储能辅助 AGC 调频装置改造"。

山西阳光发电有限责任公司有装机容量为 4×320MW 的抽气供热机组，ACE 调节性能较差，平时不参加在 ACE 工况运行调节，迫切需要改善机组现有 ACE 调频性能。2016 年 9 月在山西阳光发电有限责任公司 2 号机组实施了"联合储能辅助 AGC 调频装置改造"，2016 年底完成工程建设，之后又完成了对 1 号机组与 3 号机组的接入工作。2017 年 5 月 23 日储能设备并网投入试运行。经过近 2 个月的 AGC/ACE 工况运行考验，运行稳定，实现了"储能与火电机组联合调频"，圆满完成了山西电网下达的 AGC 调频任务，为电厂创造了可观的收益，达到并超出了项目预期目标。

2. 用户侧

1）深圳宝清电池储能站。

深圳宝清电池储能站是我国建成的首座兆瓦级电池储能站，目前已投运 6MW/18MWh，设计应用的电网功能包括削峰填谷、孤岛运行、系统调频、系统调压、热备用、阻尼控制、电能质量治理和间歇式可再生能源并网控制。电池储能站运行方式可分为手动计划曲线控制和高级应用优化运行控制方式。目前电池储能站运行方式为计划曲线方式（两充两放模式）。削峰填谷作为储能电站日常运行的主要功能，孤岛运行、系统调频、系统调压作为应对紧急情况的辅助功能。其中，系统调频分为日常运行的 AGC 功能和紧急情况下的一次调频，无功支撑分为日常运行的 AVC 功能和紧急情况下的动态无功支撑，孤岛运行因现场缺乏线路和负荷条件暂不实施。全站综合效率为 80%，储能系统最优效率达 88%。现场试验表明，储能站可以降低接入主变负荷峰谷差约 10%，可调节 10kV 接入母线频率波动 ±0.015Hz（0.3%），电压波动 ±0.2kV（2%）。

2）贵州安顺电池储能站。

该站为集装箱式电池储能站和分布式模块化储能车，主要示范了储能系统在配网末端的应用，以解决馈线供电半径过长、电压过低的问题。集装箱式储能站容量为 70kW/140kWh，投运后 10kV 配变高峰负荷时的负载率由原来的 130% 下降到现在的 60%，用电高峰时段首末端电压分别提高了 9% 和 21%。用户侧单相电压则由原来的 175V 提高到了 216V，电压质量大幅提高，配电变压器重载或过载问题得到了有效解决，同时有效降低了配电网的网损。

3）协鑫智慧能源分布式储能（10MWh 锂电）示范项目。

该项目不仅是国内最大单体商用锂电储能项目，也是江苏省首个商业化锂电池示范项目，对加速我国储能装备制造业升级，实现可再生能源平滑波动、大规模消纳和接入将发挥积极作用。该储能系统主要由 15 万只 20Ah 的锂电池串并联组成，装机容量 10MWh，生命周期内充放电可实现 8000 ~ 10000 次，能够很好地满足电网调峰调频、快速响应需求。生命期内将累计减少从电网购买高峰电量 2880 万 kWh，有效缓解电网夏季高峰用电压力，并可参与电网需求响应。该项目为苏州协鑫光伏科技有限公司提供热备用应急电源，提高了该厂的供电可靠性。

4）无锡新加坡工业园智能配网储能电站。

无锡新加坡工业园智能配网储能电站坐落在无锡星洲工业园内，储能电站总功率为 20MW，总容量为 160MWh，总面积 12800m²。该储能电站在 10kV 高压侧接入，为整个园区供电。该项目安装了江苏省第一只储能用峰谷分时电价计量电表，并成为首个接入国网江苏省电力公司客户侧储能互动调度平台的大规模储能电站。项目成功并网运行将为工商业储能应用并网破冰，促进客户侧储能设备大规模接入电网。既缓解了电网调峰压力，又保证了储能用户获得合理的收益，实现了双赢的结果。该电站为用户提供了高效、智慧的能源供应和相关增值服务，实现能源需求侧管理，推动了能源就近清洁生产和就地消纳，提高了能源综合利用效率。

4.2　容量优化配置

4.2.1　电池储能系统参与电网调频的容量配置概略

电力系统的容量（Installed Capacity of Electric Power System）通常指运行中的发电机的备用容量和备用发电机的可调出力容量，而电池储能系统参与电网调频的容量配置是指储能通过充放电来代替常规机组通过原动机调整有功功率出力参与电网调频作用的容量。作为参与电网辅助调频应用优化规划的基本问题之一，电池储能系统的容量配置方法颇受关注。

目前主要的容量配置及其优化方法有差额补充法、波动平抑分析法和经济性评估法等。差额补充法就是将电源所需提供的最小发电量与实际极端条件下的发电量的差额作为储能电池容量，由于未考虑实际运行中储能电池电量的动态变化，其配置的容量不够精确。波动平抑分析法主要根据储能电池对波动功率的平抑效果进行容量的优化配置，包括频谱分析法和时间常数法。频谱分析法是对波动功率进行离散傅里叶变换，通过频谱分析确定储能电池补偿频段后再利用仿真确定储能电池的最大充放电功率，并计算储能电池在运行周期内的能量状态，以最大能量差作为其额定容量；时间常数法主要是由并网输出功率的平抑效果来确定最佳的一阶低通滤波器的时间常数，以此来配置储能电池的功率和容量。经济性评估法需构建研究系统的经济运行模型，包括经济最优目标函数及约束条件，储能电池容量作为其中的一个决策变量，采用智能算法进行寻优求解，常用优化目标包括系统等年值投资成本、单位电量成本、系统年运行总成本及储能电池全寿命周期成本最低或者全寿命周期净效益最高等。面向电网调频，储能电池容量配置研究主要基于实测信号和区域电网调频动态模型展开。从实测频率和调频信号出发，依据前者确定储能电池参与一次调频的动作深度，依据后者中的高频/短时分量确定储能电池参与二次调频的动作深度，再通过确定的动作深度计算储能电池在运行周期内的能量值，以最大能量差作为配置的额定容量；从区域电网调频动态模型出发，依据设定的调频评估指标要求确定所需储能电池功率和容量。此外，针对调频应用的经济性评估中常用的优化目标为全寿命周期成本最低或者净效益最高等。

对一次调频的容量配置，基于实测频率信号，参考文献［78］通过分析分散在 11 个星期的频率信号特征，设计储能电池的功率与容量，并用调频死区和荷电状态控制回路来保证其荷电状态保持在一个合理的区间内，以减轻循环运行对储能电池寿命的影响；参考文献［79］探讨了如何最小化所配储能电池容量，采用在储能电池动作深度上实时叠加额外充放电功率的策略，克服储能电池控制信号在运行周期内偏离零均值的影响，但该方法会导致储能电池运行成本增加。依托区域电网调频动态模型，参考文献［80］将风电等效为负荷，研究储能电池对频率偏差和联络线功率偏差的影响，并利用频率偏差的均方根值和绝对最大值两个指标来配置储能电池容量。

对二次调频的容量配置，基于从调度中心获得的实际调频信号，参考文献［81］利用定时间常数滤波法将该信号划分为高频和低频部分，用储能电池承担高频分量，据此分析对储能电池的调频容量需求和爬坡容量需求。依托两区域电网调频动态模型，参考文献［82］用储能电池实时补偿传统调频机组因爬坡限制而未能实现部分的功率，并提出了保证储能电池的荷电状态在合理区间内的控制策略。由研究可知，当风电和储能电池安装在同一区域时达到的调频效果最优，且所配储能电池容量最小。

综上所述，不管是一次调频还是二次调频，储能电池的容量配置多基于经验分析，针对储能电池参与电网调频的容量优化配置方法，通常采用的有储能电池功率和容量设计的通用方法，根据储能电池在调频过程中出力的序列函数进行配置；或从与之对应的电网频率和区域控制误差（ACE）信号波动特性出发，考虑受风电等新能源出力波动影响的电网综合负荷，提出在确定的电网调频场景和控制要求下的储能电池参与一、二次调频的容量配置方法，分别考虑以调频效果和经济性最优为目标，以储能电池的运行要求为约束条件，得到相应场景下的最小储能电池容量配置方案。

4.2.2 电池储能系统参与电网调频的容量优化配置方法

1. 储能电池功率和容量设计的通用方法

（1）额定功率设计

假设调频时段和起始时刻分别为 T 和 t_0，储能电池的额定功率为 P_{rated}，且充电为正，放电为负。如果在 T 时段内，储能电池的功率需求指令为 $\Delta P_E(t)$，配置的 P_{rated} 应能吸收或补充 $\Delta P_E(t)$ 在 T 内出现的最大过剩功率 $\Delta P_{surplus}^{max}$（需要储能电池充电）或最大功率缺额 $\Delta P_{shortage}^{max}$（需要储能电池放电）。进一步考虑功率转换系统（PCS）效率和电池储能设备的充放电效率，可得

$$\begin{cases} \Delta P_{surplus}^{max} = \left| \max_{t \in (t_0, t_0+T)} \left[\Delta P_E(t) \right] \right| \\ \Delta P_{shortage}^{max} = \left| \min_{t \in (t_0, t_0+T)} \left[\Delta P_E(t) \right] \right| \\ P_{rated} = \max \left\{ \Delta P_{surplus}^{max} \eta_{DC/DC} \eta_{DC/AC} \eta_{ch}, \dfrac{\Delta P_{shortage}^{max}}{\eta_{DC/DC} \eta_{DC/AC} \eta_{dis}} \right\} \end{cases} \tag{4-6}$$

式中　　P_{rated}——额定功率，单位通常取为 MW；

$\eta_{DC/DC}$ 和 $\eta_{DC/AC}$——分别为 DC/DC 和 DC/AC 变换器的效率；

η_{ch} 和 η_{dis}——分别为储能设备的充电和放电效率。

此外，还可基于统计模型，设计出任意置信水平下的储能电池额定功率。

（2）额定容量设计

假设储能电池的额定容量为 E_{rated}，根据上文所得的额定功率 P_{rated} 可以得到储能电池的实时功率序列，然后按如下方法设计 E_{rated}。

首先引入储能电池的荷电状态 Q_{SOC}。该变量可直观反映储能电池的剩余能量值。假设储能电池充电和放电至截止电压时的 Q_{SOC} 分别为 1 和 0，可得

$$Q_{SOC} = \frac{剩余电量}{额定容量} = \frac{E_{rated} - E_d}{E_{rated}} \times 100\% \tag{4-7}$$

式中 E_{rated}——额定容量，单位通常取为 MWh；

E_{d}——储能电池累计放电量。

设储能电池的荷电状态 Q_{SOC} 的允许范围为 $[Q_{\text{SOC,min}}, Q_{\text{SOC,max}}]$，其运行参考值为 $Q_{\text{SOC,ref}}$，其中，$Q_{\text{SOC,max}}$ 和 $Q_{\text{SOC,min}}$ 分别为荷电状态的上、下限值。$Q_{\text{SOC,min}}$、$Q_{\text{SOC,max}}$ 和 $Q_{\text{SOC,ref}}$ 可根据实际所选电池的技术特性、应用场景及风电等间歇性电源出力波动的统计规律确定。假设以荷电状态运行参考值 $Q_{\text{SOC,ref}}$ 为初始荷电状态，则第 k 时刻储能电池的荷电状态 $Q_{\text{SOC},k}$ 为

$$Q_{\text{SOC},k} = Q_{\text{SOC,ref}} + \frac{\int_0^{k \times \Delta T} P_{\text{E}}^i \mathrm{d}t}{E_{\text{rated}}} \tag{4-8}$$

式中 P_{E}^i——第 i 时刻储能电池的功率指令；

ΔT——储能电池功率指令时间间隔。

在储能电池运行过程中，$Q_{\text{SOC},k}$ 应满足式（4-9），相应的示意图如图4-2所示。

$$\begin{cases} \max(Q_{\text{SOC},k}) \leqslant Q_{\text{SOC,max}} \\ \min(Q_{\text{SOC},k}) \geqslant Q_{\text{SOC,min}} \end{cases} \tag{4-9}$$

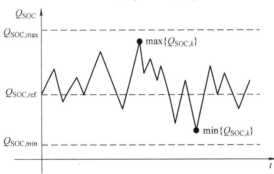

图4-2 储能电池运行过程中的荷电状态示意图

将式（4-8）代入式（4-9），可得

$$\begin{cases} E_{\text{rated}} \geqslant \dfrac{\max\left(\int_0^{k \times \Delta T} P_{\text{E}}^i \mathrm{d}t\right)}{Q_{\text{SOC,max}} - Q_{\text{SOC,ref}}} \\ E_{\text{rated}} \geqslant \dfrac{- \min\left(\int_0^{k \times \Delta T} P_{\text{E}}^i \mathrm{d}t\right)}{Q_{\text{SOC,ref}} - Q_{\text{SOC,min}}} \end{cases} \tag{4-10}$$

综合考虑储能电池的应用效果和成本等因素，可知其额定容量 E_{rated} 应满足

$$E_{\text{rated}} \geqslant \max\left\{\frac{\max\left(\int_0^{k \times \Delta T} P_{\text{E}}^i \mathrm{d}t\right)}{Q_{\text{SOC,max}} - Q_{\text{SOC,ref}}}, \frac{- \min\left(\int_0^{k \times \Delta T} P_{\text{E}}^i \mathrm{d}t\right)}{Q_{\text{SOC,ref}} - Q_{\text{SOC,min}}}\right\} \tag{4-11}$$

上式取等号时可得满足要求的最小储能电池容量，以其为额定容量值 E_{rated}。

2. 面向一次调频的储能电池容量配置

（1）基于一次调频效果最优的储能电池容量配置

定义技术评价指标如下：

1）反映储能电池荷电状态 Q_{SOC} 保持效果的评价指标为

$$Q_{SOC,rms} = \sqrt{\frac{1}{n} \sum_{i=1}^{n} (Q_{SOC,i} - Q_{SOC,ref})^2} \tag{4-12}$$

式中　$Q_{SOC,i}$——第 i 个 Q_{SOC} 采样值；

$\quad\quad Q_{SOC,ref}$——荷电状态运行参考值，一般取 0.5；

$\quad\quad n$——采样点数。

2）考虑孤网的特征，提出反映一次调频效果的评价指标为

$$J_1 = \sqrt{\frac{1}{n} \sum_{i=1}^{n} \Delta f_i^2} \tag{4-13}$$

区域互联电网的一次调频储备通常在千兆瓦级以上，频率稳定性较好。而位于偏远地区或岛屿等地区的电网，风光资源较为丰富，由于风光发电出力及负荷的波动，导致频率稳定性较差。配置储能电池参与电网调频应用，可缓解偏远地区或岛屿等地区的频率稳定性问题。在满足储能电池调频运行要求的前提下，为最小化储能电池的配置容量，可在电网频率偏差处于调频死区范围内时，控制储能电池进行额外的充放电动作。引入变量 $Q_{SOC,low}$ 和 $Q_{SOC,high}$，分别表示储能电池荷电状态 Q_{SOC} 的较低值和较高值，且 $Q_{SOC,min} \leqslant Q_{SOC,low} < Q_{SOC,ref} < Q_{SOC,high} \leqslant Q_{SOC,max}$，实时采集电网在第 i 时刻的频率偏差信号 Δf_i，设计储能电池参与一次调频的充放电策略。以含有风电的孤网为背景，设计考虑储能电池参与一次调频的充放电策略，并基于此形成了相应的储能电池容量配置，其流程如图 4-3 所示。

在图 4-3 中，首先，初始化 $Q_{SOC,high}$、$Q_{SOC,low}$、P_{buy}、P_{sell} 及 P_{rated} 等变量；其次，载入储能电池的物理特性模型和区域电网调频动态模型及相关参数；然后，基于所提出的储能电池充放电策略，以一次调频效果评价指标 J_1 最小为优化目标，通过遗传算法寻优确定控制变量（$Q_{SOC,high}$、$Q_{SOC,low}$、P_{buy}、P_{sell} 和 P_{rated}）的最优组合解，并计算在该组合解下 E_{rated}、J_1 和 $Q_{SOC,rms}$ 的值，作为输出结果。此时所得的 P_{rated} 和 E_{rated} 为最优的储能电池容量配置方案，该方案对应的一次调频效果最优。

（2）基于经济性最优的储能电池容量配置

定义储能电池经济评估指标，净效益现值 P_{NET} 的表达式为

$$P_{NET} = N_{RES} - C_{LCC} \tag{4-14}$$

式中　N_{RES}——考虑储能电池参与电网调频的成本；

$\quad\quad C_{LCC}$——效益。

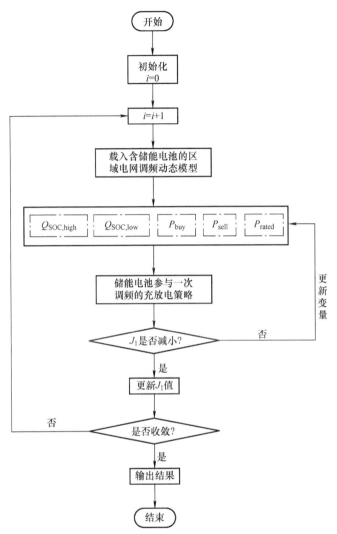

图 4-3　储能电池参与一次调频的容量配置流程

　　基于经济性最优的储能电池容量配置目标是在调频辅助服务市场中获取最大净效益现值 P_{NET}，其最大化需要尽可能降低储能电池的成本现值 C_{LCC}。由于储能电池成本主要由所配置的容量决定，因此，以经济最优为目标的储能电池充放电策略设计问题可等效为控制储能电池在调频死区内进行额外充放电，寻找满足储能电池运行要求的最小容量配置方案的问题。储能电池参与一次调频时，除了固定效益外，其效益还包含静态效益、动态效益和环境效益。其中，固定效益包括储能电池的备用功率效益和实时电量效益等，以及在调频死区内对其进行额外充放电所带来的效益 R_{s}，表达式为

$$R_{\text{s}} = R_3 \left(E_{\text{sell}} - E_{\text{buy}} \right) \tag{4-15}$$

57

式中　　R_3——对应的实时售电和购电电价；

E_{sell}和E_{buy}——分别为储能电池的额外售电和购电电量，单位均为 MWh。

　　因此，基于相应的充放电策略，以储能电池参与一次调频的经济性最优为目标设计出相应的储能电池容量配置流程，如图 4-4 所示。

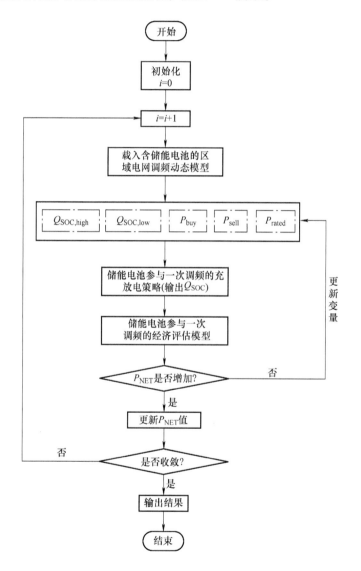

图 4-4　基于经济评估模型的储能电池容量配置流程

　　在图 4-4 中，首先，初始化 $Q_{SOC,high}$、$Q_{SOC,low}$、P_{buy}、P_{sell} 及 P_{rated} 变量；其次，载入储能电池的物理特性模型和区域电网调频动态模型及相关参数；然后，基于所提出的储能电池充放电策略和所构建的储能电池参与一次调频的经济评估模型，以净效益现值 P_{NET} 最大为优化目标，以一次调频效果评价指标 J_1、储能电池的荷电状态 Q_{SOC} 为约束条件，通过遗传算法得到相应的控制变量（$Q_{SOC,high}$、$Q_{SOC,low}$、P_{buy}、P_{sell} 和 P_{rated}）的最优组合解，并计算在最优组合解下 E_{rated}、P_{NET}、J_1 和 $Q_{SOC,rms}$ 的值，作为输出结果。此时所得的 P_{rated} 和 E_{rated} 为最优的储能电池容量配置方案，该方案对应的经济性最优。

（3）基于技术经济综合最优的储能容量配置

基于同样的储能额定功率 P_{rated} 和全寿命周期 T_{LCC}，在满足调频控制要求及储能运行要求约束下，基于一次调频效果评价指标 J_1 和净效益现值 P_{NET} 综合最优的目标，把 J_1 与 P_{NET} 折算至同样数量级并赋予相同的权重 0.5，可优化得到储能的容量配置方案，如图 4-5 所示。

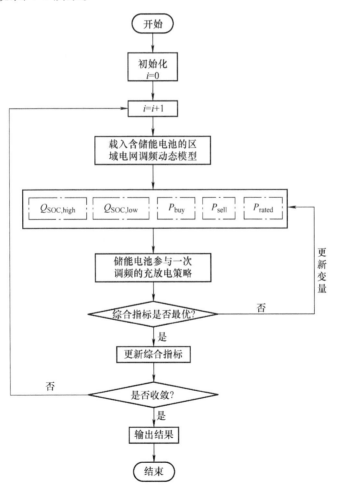

图 4-5　储能电池参与一次调频的技术经济综合最优容量配置流程

在图 4-5 中，首先，初始化 $Q_{SOC,high}$、$Q_{SOC,low}$、P_{buy}、P_{sell} 及 P_{rated} 变量；其次，载入储能电池的物理特性模型和区域电网调频动态模型及相关参数；然后，基于所提出的储能电池充放电策略和所构建的储能电池参与一次调频的经济评估模型，以净效益现值 P_{NET} 及一次调频效果评价指标 J_1 综合最优为目标，以储能电池的荷电状态 Q_{SOC} 为约束条件，通过遗传算法得到相应的控制变量（$Q_{SOC,high}$、$Q_{SOC,low}$、P_{buy}、P_{sell} 和 P_{rated}）的最优组合解，并计算在最优组合解下 E_{rated}、P_{NET}、J_1 和 $Q_{SOC,rms}$ 的值，作为输出结果。此时所得的 P_{rated} 和 E_{rated} 为最优的储能电池容量配置方案，该方案对应的技术经济综合最优。

3. 面向二次调频的储能电池容量配置

（1）基于二次调频效果最优的储能电池容量配置

基于二次调频效果最优的储能电池容量配置，将含风电的综合负荷扰动载入区域电网调频动态模型，通过仿真实验实时获取区域控制误差信号 S_{ACE} 的数据，综合考虑传统电源与储能电池的技术特性，通过频域方法对 S_{ACE} 信号进行分解，并分别控制两者承担不同频段的 S_{ACE} 信号分量。再利用经验模态分解（Empirical Mode Decomposition，EMD）方法，对 S_{ACE} 信号进行分解以获取不同频段的信号分量。该方法在进行信号分解时能依据数据自身的时间尺度特征，无须预设任何基函数，理论上适用于任何类型的信号分解。因而在处理如 S_{ACE} 信号之类的非平稳及非线性数据上，其优势明显。EMD 分解的目的是得到一系列本征模态函数 IMF（Instrinsic Mode Function，IMF），各 IMF 分量包含了原信号的不同时间尺度的局部特征信号。通过 EMD 的分解，把 S_{ACE} 信号分解成不同时间尺度即不同频率的子信号，即

$$S_{ACE}(t) = \sum_{i=1}^{m} I_{IMF.i}(t) + r_n(t) \tag{4-16}$$

式中　$S_{ACE}(t)$——S_{ACE} 信号；

　　　$I_{IMF.i}(t)$——本征模态函数；

　　　m——本征模态函数 IMF 的总个数；

　　　$r_n(t)$——残余分量。

定义储能电池参与二次调频的效果评价指标 J_2 为

$$J_2 = \frac{\sum_{i=1}^{q} \dfrac{P_{Ei} + P_{Gi}}{S_{ACEi}}}{q} \tag{4-17}$$

式中　P_{Ei} 和 P_{Gi}——分别为第 i 时刻储能电池和传统电源的出力；

　　　S_{ACEi}——第 i 时刻的电网 S_{ACE} 信号值；

　　　q——S_{ACE} 信号序列长度。

通过选择 S_{ACE} 信号分配的分界频率，可得到不同的二次调频效果评价指标值。

考虑到储能电池的快速响应技术优势，选择其承担分界频率以上的 S_{ACE} 信号高频分量，而传统电源则承担分界频率以下的 S_{ACE} 信号低频分量。具体步骤如下：

1）将由风电出力和负荷组成的综合负荷扰动接入区域电网调频动态模型，实时获取的电网区域控制误差信号 S_{ACE}（以电网额定容量为基准值进行标幺化）。

2）利用 EMD 方法对实时 S_{ACE} 信号进行分解，忽略残余分量，得到信号频率由高至低的不同频段的本征模态分量 IMF1～IMF9。然后对 S_{ACE} 信号的各频段分量 IMF1～IMF9 进行傅里叶分析，得到相应分量所属频段的频谱特征。

3）以二次调频效果最优（即评价指标 J_2 最小）为优化目标来选择不同分界频率，将分界频率以上频段的区域控制误差信号 S_{ACE} 分量分配给储能电池，分界频率及其以下频段的 S_{ACE} 信号分量分配给传统电源，并配置所需的储能电池容量。

（2）基于经济性最优的储能容量配置

基于经济性最优的储能容量配置，在含储能电池区域的电网调频动态模型中加入二次调频功能模块，开展相应的仿真实验，进行容量配置。具体步骤如下：

1）将由风电出力和负荷组成的综合负荷扰动接入区域电网调频动态模型，实时获取的电网区域控制误差信号 S_{ACE}（以电网额定容量为基准值进行标幺化）。

2）利用 EMD 方法对实时 S_{ACE} 信号进行分解，忽略残余分量，可得到信号频率由高至低的不同频段的本征模态分量 IMF1～IMF9。然后对 S_{ACE} 信号的各频段分量 IMF1～IMF9 进行傅里叶分析，得到相应分量所属频段的频谱特征。

3）以二次调频净效益现值 P_{NET} 最大为优化目标来选择不同分界频率，将分界频率以上频段的区域控制误差信号 S_{ACE} 分量分配给储能电池，分界频率及其以下频段的 S_{ACE} 信号分量分配给传统电源，并配置所需的储能电池容量。

4.2.3 电池储能系统参与电网调频的容量配置实例

1. 面向一次调频的储能电池容量配置实例

本小节以磷酸铁锂储能电池为研究对象，对面向一次调频的储能电池容量配置进行实例分析。表4-1为含有储能区域的电网仿真参数，其中包括区域电网调频动态模型的基本参数以及储能的经济技术参数等，其余与传统电源相关的参数见参考文献 [87]。

设调频时段 T 为 30min，采样周期为 1s。在实际风电出力 P_w 的基础上叠加相应时段的负荷功率 P_{load}，则得综合负荷扰动 P_c（该调频时段对应的综合负荷扰动是从长时数据中随机选取的非连续样本数据），如图4-6所示（均为以电网额定容量 S_{BASE} 为基准的标幺值）。具体仿真步骤如下：

1）设置储能的调频死区与传统电源相同。将综合负荷扰动接入区域电网调频动态模型，经传统电源一次调频后的频率偏差信号 Δf 如图4-7所示。由图中可知，此时的最大频率偏差为 0.55Hz。

表4-1 含储能的区域电网仿真参数

	区域电网调频动态模型	仅含一次调频
电网 参数	电网额定容量 S_{BASE}/MW	250
	上调容量（pu）	0.1
	下调容量（pu）	0.1
	风电容量/MW	75（30%）
	P_{load}（pu）	0.12 ~ 0.26
	单位调节功率 K_G（pu）	23.3
储能经 济技术 参数	虚拟单位调节功率 K_E/（MW/Hz）	10
	Δf_{db}/Hz	$\Delta f_{db\_u} = 0.033$，$\Delta f_{db\_d} = 0.033$
	T_{life}/年	基于雨流计数法等效折算
	R_1/（美元/kW/年）	990
	R_2/（美元/MWh）	实时电价
	r（%）	6
	储能成本	C_{bat}/（千美元/MWh）：384 C_{PCS}/（千美元/MW）：230 $C_{PO\&M}$/（千美元/MW）：10 $C_{EO\&M}$/（美元/MWh）：10 C_{Pscr}/（千美元/MW）：1 C_{Escr}/（千美元/MW）：1
	R_3/（元/MWh）	实时电价
	$Q_{SOC,high}$	$Q_{SOC,low} < Q_{SOC,high} < Q_{SOC,max}$
	$Q_{SOC,low}$	$Q_{SOC,min} < Q_{SOC,low} < Q_{SOC,high}$
	P_{buy}/P_{rated}	σ_b
	P_{sell}/P_{rated}	σ_s

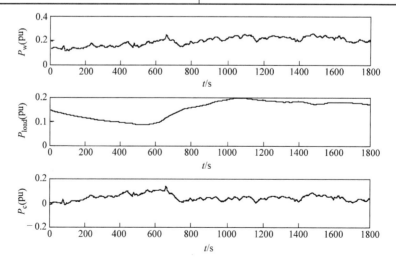

图4-6 风电出力、负荷功率及综合负荷扰动曲线

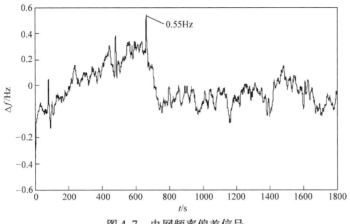

图4-7 电网频率偏差信号

2）基于储能参与一次调频的充放电策略，分别以一次调频效果最优，经济性最优和两者综合最优为目标，对控制变量 $Q_{SOC,high}$、$Q_{SOC,low}$、P_{buy}（即 $\sigma_b P_{rated}$）和 P_{sell}（即 $\sigma_s P_{rated}$）进行寻优。

3）根据优化得到的控制变量值，及对应的电网频率偏差，储能在调频死区内有/无额外充放电时的功率指令曲线如图4-8所示。确定储能额定功率 P_{rated} 的优化范围的方法如下：因储能在调频过程中需要对频率偏差相对应的储能功率指令进行完全跟踪，故 P_{rated} 的取值应考虑最大频率偏差对应的功率指令值，同时还需计及储能本身的运行特性。在本工况下储能的最大出力值对应为5.5MW（最大频率偏差与虚拟单位调节功率之积），同时，考虑到维持储能自身运行一般约需15% P_{rated}，及一定的功率裕量，故确定其优化范围为 5.5～11MW。进而通过寻得的最优控制变量可计算出相应的储能额定容量 E_{rated}、一次调频效果评价指标 J_1、成本现值 C_{LCC}、净效益现值 P_{NET}、储能的等效循环寿命 T_{life} 等经济评价指标。

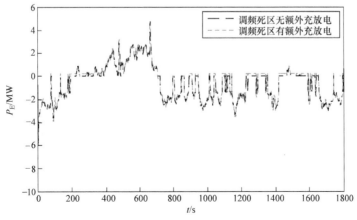

图4-8 储能的功率指令曲线

设置储能荷电状态 Q_{SOC} 的允许范围为 $0.1 \sim 0.9$，即 $Q_{SOC,min} = 0.1$，$Q_{SOC,max} = 0.9$，当储能在调频死区内不动作时，其荷电状态 Q_{SOC} 及能量 E_{ESS} 的变化曲线如图 4-9 所示。

在图 4-9 中，由荷电状态 Q_{SOC} 曲线可知，在调频时段内，从总体趋势来看储能处于放电模式。当在调频死区范围内储能不进行额外充放电时，可得所需的储能额定容量 E_{rated} 为 $0.32 P_{rated} \cdot h$；当为增大一次调频效果或增加调频净效益现值而改变储能的充放电策略时，则会造成相应的储能配置容量发生变化。

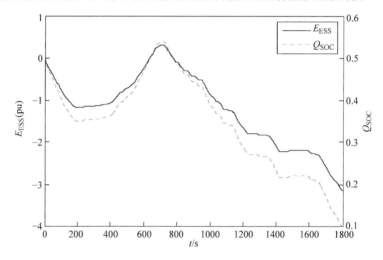

图 4-9　调频死区内储能不动作时的荷电状态及能量变化曲线

（1）一次调频效果最优

假设全寿命周期 T_{LCC} 为 20 年，依据电网最大频率偏差并考虑储能的运行特性和功率备用，确定储能的额定功率优化范围，再通过寻优得到储能的最优额定功率 P_{rated} 为 10MW。依据储能在调频过程中的荷电状态 Q_{SOC} 变化曲线，利用雨流计数法计算出其等效循环寿命 T_{life}，同时依据经济评估模型计算出全寿命周期内的成本现值 C_{LCC} 和效益现值 N_{RES}。以一次调频效果评价指标 J_1 最小为优化目标，得出的控制变量及技术和经济评价指标结果见表 4-2（将储能的额定功率 P_{rated} 和额定容量 E_{rated} 纳入技术评价指标内）。

表 4-2　基于一次调频效果最优的仿真计算结果

控制变量		技术评价指标		经济评价指标	
σ_b	0.011	$Q_{SOC,rms}$	0.1876	C_{LCC}/美元	3.686×10^6
σ_s	0.0019	J_1	0.01	N_{RES}/美元	1.62×10^7
$Q_{SOC,low}$	0.4215	P_{rated}/(MW)	10	P_{NET}/美元	1.252×10^7
$Q_{SOC,high}$	0.5068	E_{rated}/(MW·h)	2.92	T_{life}/年	2.5

（2）经济性最优

基于同样的储能额定功率 P_{rated} 和全寿命周期 T_{LCC}，在满足调频控制要求及储能运行要求约束下，以净效益现值 P_{NET} 最大为目标，得出的控制变量及技术和经济评价指标结果见表4-3。

表4-3　基于经济性最优的仿真计算结果

控制变量		技术评价指标		经济评价指标	
σ_b	0.0116	$Q_{SOC,rms}$	0.1884	C_{LCC}/美元	3.38×10^6
σ_s	0.0067	J_1	0.059	N_{RES}/美元	1.668×10^7
$Q_{SOC,low}$	0.4537	P_{rated}/MW	10	P_{NET}/美元	1.33×10^7
$Q_{SOC,high}$	0.5370	E_{rated}/MW·h	1.69	T_{life}/年	2.68

（3）一次调频效果和经济性综合最优

基于同样的储能额定功率 P_{rated} 和全寿命周期 T_{LCC}，在满足调频控制要求及储能运行要求约束下，基于一次调频效果评价指标 J_1 和净效益现值 P_{NET} 综合最优的目标，其中把 J_1 与 P_{NET} 折算至同样数量级并赋予相同的权重0.5，优化得到储能的容量配置方案，对应的控制变量及技术和经济评价指标结果见表4-4。

表4-4　双目标综合最优的仿真计算结果

控制变量		技术评价指标		经济评价指标	
σ_b	0.0114	$Q_{SOC,rms}$	0.1877	C_{LCC}/美元	3.67×10^6
σ_s	0.0058	J_1	0.013	N_{RES}/美元	1.667×10^7
$Q_{SOC,low}$	0.4703	P_{rated}/MW	10	P_{NET}/美元	1.3×10^7
$Q_{SOC,high}$	0.5548	E_{rated}/MW·h	2.3	T_{life}/年	2.43

（4）分析与讨论

1）单目标优化下的技术评价指标对比分析。

当频率偏差处于调频死区 $-0.033 \sim 0.033$ Hz 范围内时，依据储能荷电状态 Q_{SOC} 的动作限值（较低值 $Q_{SOC,low}$ 和较高值 $Q_{SOC,high}$）控制储能进行适当的额外充放电，以一次调频效果评价指标 J_1 最优为目标的充放电策略计算得到的储能容量为 $0.292P_{rated}\cdot h$，J_1 为0.01；以净效益现值 P_{NET} 最优为目标的充放电策略计算得到的容量为 $0.169P_{rated}\cdot h$，J_1 为0.059。对比各项参数可知，储能的成本主要由其容量成本决定，基于经济性最优的充放电策略减少了储能的配置容量值，但其会导致调频效果变差。

2）单目标优化下的经济评价指标对比分析。

以20年为储能的全寿命周期，一年以300天工作计算，以一次调频效果评价指标 J_1 为目标的充放电策略对应的储能的成本现值 C_{LCC} 为 3.686×10^6 美元，净效

益现值 P_{NET} 为 1.252×10^7 美元;以经济性最优为目标的储能充放电策略,其 C_{LCC} 为 3.38×10^6 美元,P_{NET} 为 1.33×10^7 美元。对比各项参数可知,基于一次调频效果评价指标 J_1 为优化目标的储能充放电策略所需的容量较大,因而对应的储能成本较高,经济性降低。

3)双目标优化下的评价指标分析。

以一次调频效果评价指标 J_1 和净效益现值 P_{NET} 为双目标的充放电策略计算得到的储能容量为 $0.23P_{rated} \cdot h$,J_1 为 0.013,成本现值 C_{LCC} 为 3.67×10^6 美元,P_{NET} 为 1.3×10^7 美元。由表 4-4 各项优化指标和计算结果可以看出,相比单目标优化得到的目标值,其一次调频效果和经济性得到了一定程度的平衡。

2. 面向二次调频的储能电池容量配置实例

基于表 4-1 中含储能的电网仿真参数,在区域电网调频动态模型中加入二次调频功能模块[31],展开相应的仿真实验。其步骤如下:

1)将由风电出力和负荷组成的综合负荷扰动接入区域电网调频动态模型,实时获取的电网区域控制误差信号 S_{ACE}(以电网额定容量为基准值进行标幺化),如图 4-10 所示。设置调频时长为 1 天,信号采样周期为 1min。

2)利用 EMD 方法对实时 S_{ACE} 信号进行分解,忽略残余分量,可得到信号频率由高至低的不同频段本征模态分量 IMF1 ~ IMF9,如图 4-11 所示。

对 S_{ACE} 信号的各频段分量 IMF1 ~ IMF9 进行傅里叶分析,得到相应分量所属频段的频谱特征如图 4-12 所示。由图中可知,若以 IMF4 为分界分量,其波动频率集中于 0.5×10^{-3} Hz,则 IMF1 ~ IMF3 的频率范围为 ($0.5 \times 10^{-3} \sim 8 \times 10^{-3}$ Hz);IMF4 ~ IMF9 的频率范围为 ($0 \sim 0.5 \times 10^{-3}$ Hz)。

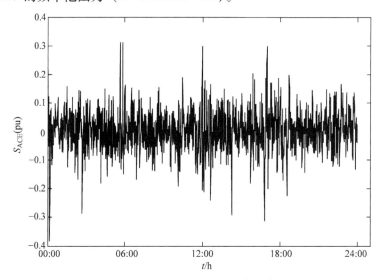

图 4-10   实时区域控制误差信号曲线

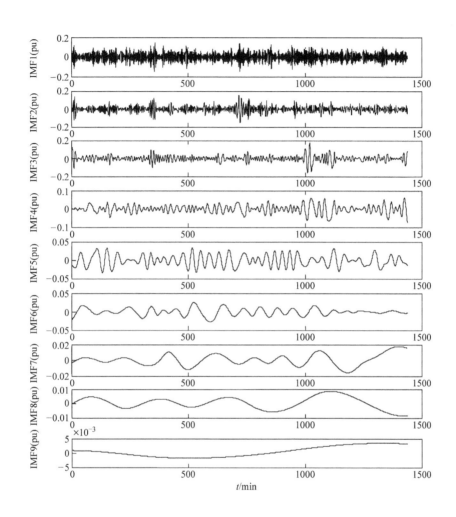

图 4-11　经 EMD 方法分解后的区域控制误差信号各频段分量

3）以二次调频效果最优（即评价指标 J_2 最小）或净效益现值 P_{NET} 最大为优化目标来选择不同分界频率，将分界频率以上频段的区域控制误差信号 S_{ACE} 分量分配给储能，分界频率及其以下频段的 S_{ACE} 信号分量分配给传统电源，并配置所需的储能容量。

通过以不同本征模态分量作为分界（若采用 IMF1，则包括 IMF1 在内的所有分量均由传统电源承担，储能不参与二次调频，故表中未列出；若以 IMF9 作为分界分量时，则全部 S_{ACE} 信号均由储能承担）计算得到储能的容量配置、二次调频效果评价指标 J_2 以及净效益现值 P_{NET}，见表4-5。

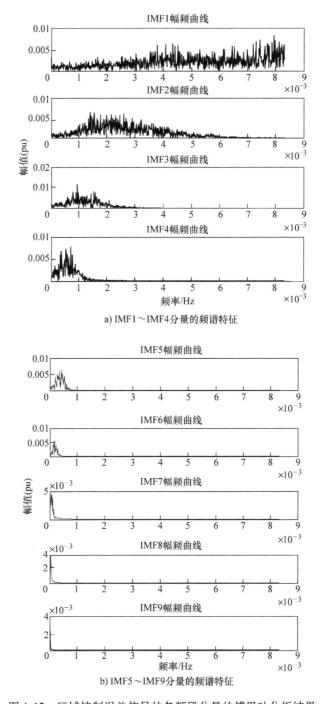

a) IMF1~IMF4分量的频谱特征

b) IMF5~IMF9分量的频谱特征

图4-12 区域控制误差信号的各频段分量的傅里叶分析结果

表 4-5 不同分界分量下的评价指标及配置方案计算结果

分界分量	IMF2	IMF3	IMF4	IMF5	IMF6	IMF7	IMF8	IMF9
J_2	0.89	0.9	0.765	0.6833	0.689	0.6491	0.54	0.5099
P_{NET}	1.01×10^7	1.5×10^7	2.7×10^7	4.8×10^7	2.19×10^7	2.08×10^7	2.03×10^7	2.02×10^7
P_{rated}/MW	10.9	11.6	11.2	9.12	12	13.37	14.35	14.85
$E_{rated}/MW \cdot h$	10.79	9.2	10	5.898	17.25	17.25	17.25	17.25

（1）储能分担不同频段区域控制误差信号分量时的二次调频效果评价指标 J_2 比较

由表 4-5 可知，以 IMF3 为分界时，将 IMF1 ~ IMF2（$1 \times 10^{-3} \sim 8 \times 10^{-3}$ Hz）分配给储能，将 IMF3 ~ IMF9（$0 \sim 1 \times 10^{-3}$ Hz）分配给传统电源，计算得到的 J_2 为 0.9，二次调频效果最优，对应的储能额定功率 P_{rated} 为 11.6MW，额定容量 E_{rated} 为 $0.79P_{rated} \cdot h$。随着储能承担分量的增多及分量频率范围的增大，J_2 逐渐降低，这表明容量有限的储能适宜承担 S_{ACE} 信号频率较高的分量。

（2）储能分担不同频段区域控制误差信号分量时的调频净效益 P_{NET} 比较

以 IMF5 为分界时，将 IMF1 ~ IMF4（$0.5 \times 10^{-3} \sim 8 \times 10^{-3}$ Hz）分配给储能，IMF5 ~ IMF9（$0 \sim 0.5 \times 10^{-3}$ Hz）分配给传统电源，得到的 P_{NET} 为 4.8×10^7 美元，调频经济性最优，对应的储能额定功率为 9.12MW，额定容量为 $0.65P_{rated} \cdot h$。以 IMF5 为分界，随着储能承担分量的增多及分量频率范围的增大，P_{NET} 逐渐减小。这表明从当前储能的经济性来看，储能也更适宜承担较高频的 S_{ACE} 信号分量，因为随着充放电幅值增大，储能的功率和容量成本就会增加，将超过因此带来的经济效益，从而导致经济性降低。

（3）储能分担不同频段 S_{ACE} 信号分量时的容量配置方案比较

随着储能承担分量的增多及分量频率范围的增大，储能所需的额定功率和容量基本呈增大趋势（由于存在 S_{ACE} 信号的正负叠加，故非完全增大趋势）。以 IMF6 为分界分量时，储能的容量值将达到稳定，不再变化。这是由于低频分量对应的 S_{ACE} 信号幅值较小，各分量累加分配给储能后对其能量影响不大的缘故。

4.3 运行控制

在确定了储能选址及配置方案的基础上，根据已定的储能电源功率与容量，如何在制定合理的控制策略参与电力系统调频，满足电力系统的调频要求的同时，关注储能自身的 SOC 要求是目前国内外调频控制研究的焦点。

4.3.1 电池储能系统参与电网调频的运行控制概略

传统调频控制研究集中于整定 PI 控制器参数和利用高级控制方法替代 PI，前者采用遗传算法、人工神经网络和神经模糊推理等智能算法动态整定，仿真比较各个自适应控制器在不同负荷水平和电网参数条件下的性能，后者利用模型预测控制或自适应模糊控制等高级控制方法，对电网的参数不确定性、延时及控制过程中的非线性环节（如调频死区、爬坡率约束等）进行优化设计。这类控制方法相较于传统的 PI 控制器，更能与实际电网的设备［如广域测量系统（Wide Area Measurement System，WAMS）等］相结合，进而取得更佳的控制效果。从调频任务协联的角度出发，参考文献［95］考虑到电网一、二次调频任务所存在的矛盾，引入微分博弈论以改善各调频任务的协联和合作，可减少不同层次控制器之间的冲突，取得最佳调频效果。

通过新型控制方法协调储能电池与传统电源，不仅能充分利用各自的技术优势，还能有效减少电网频率及联络线功率波动，且控制效果均优于 PI 控制器。参考文献［96］面向微网提出了基于鲁棒控制的储能电池调频控制策略，运用 μ - 综合相关理论，计及电网参数不确定性、测量噪声等对控制效果的影响，对控制偏差与控制输入信号采取不同加权函数，使储能电池和传统电源分别承担高频和低频信号，并保持储能电池的荷电状态 Q_{SOC} 维持在 50% 附近，仿真结果表明所设计控制器有效，能较好地应对电网参数变化及噪声影响。参考文献［97，98］引入了频率偏差变化率信号，与频率偏差信号共同作为输入信号，提出了改进型下垂频率控制策略，并与采样频率偏差信号作为输入信号，运用 H_∞ 下垂控制的方式进行比较。仿真结果表明，H_∞ 下垂控制能更好地控制电网频率偏差及维持储能电池荷电状态稳定。参考文献［99］提出了一种基于模糊控制的储能电池辅助 AGC 调频策略，该控制器的输入量为区域控制误差信号 S_{ACE} 及其变化率，输出量为储能电池的动作深度，采用此策略能使储能电池快速响应 S_{ACE} 信号的变化，并在火电机组逐渐增加出力时减少储能电池出力，直至电网达到新的平衡态时储能电池退出运行。仿真结果表明，此策略有效，且能减少储能电池所需配置的容量。参考文献［100］提出了一种利用二次规划法分配调频信号的策略，该策略控制飞轮储能电源跟踪快速变化的调频信号，并在其接近于满充或满放时，由传统电源弥补其不足，可延长前者的使用寿命并提高后者的运行效率。参考文献［101］研究了基于模型预测控制器的储能调频控制策略。在此基础上，参考文献［102］根据储能电源的工作模式和控制策略，设计了广域储能协调控制（Wide - area Coordinated Control of Energy Storage System，WCCESS）框架，并提出了储能电源、电网传统设备及间歇性能源在不同时间尺度下的多目标控制构想。在混合储能电源的协调控制方面，目前的研究主要集中在平抑波动应用，对频率控制的研究还相对较少，部分研究提出用小波包分解和模糊控制相结合的控制策略，利用功率型的超级电容和能量型的锂离子电池组成的混合储能电源进行平抑波动，即结合两者各自的技术优势，不但能覆盖频率范围较宽的功率波动，还能实现各储能的效率最优，有效提高储能的运行经济性。参考文献［107］提出了基于荷电状态 Q_{SOC} 反馈的风 – 储联合调频控制策略。该策略需要实时监测电网频率偏差和储能电池 Q_{SOC} 状态，由储能电池优先响应电网频率变化，当其 Q_{SOC} 值位于不同区间时，通过协调风机与火电机组参与调频，使储能 Q_{SOC} 维持在 50% 附近，为下一时刻调频任务做好准备。此外，也有学者研究将模糊控制及模型预测控制等方法用于控制 V2G 参与调频，进而实现其与传统电源的协调运行。

可见，国内外对储能电池与传统电源联合运行的研究尚处于起步阶段。如何在模型中更合理地体现储能电池的技术优势、如何协调好混合储能电源的运行亟须深入研究，同时可结合控制理论对（多）区域电网调频动态模型进行分析，运用新型智能控制方法解决储能电池参与电网调频问题。应当指出，从电网运行需求全局角度来看，如何结合和兼顾储能电池、风电及传统电源的技术经济特性，形成多时间尺度的协调运行策略是电网面临的一个重要问题。此外，储能电池应用于电网一次调频、二次调频的协联控制技术也尚待研究。

综上所述，国外针对大规模储能电池参与电网调频已开展了不少基础理论工作，而国内理论分析开展较少，应用示范也处于起步阶段，且国内网架和能源结构与国外相差甚远，故亟须探索符合我国电网特点的储能电池调频技术，加大基础理论研究及工程示范力度。

4.3.2　电池储能系统参与电网调频的基本控制模式

电网调频又称频率调整或频率控制，是电力系统中维持有功功率供需平衡的主要措施，其根本目的是保证电力系统的频率稳定。电力系统频率调整的主要方法是调整发电功率和进行负荷管理。按照调整范围和调节能力的不同，频率调整可分为一次调频、二次调频和三次调频。其中三次调频就是协调各发电厂之间的负荷经济分配（即有功功率经济分配）；其实质是完成在线经济调度；其目的是在满足电力系统频率稳定和系统安全的前提下合理利用能源和设备，以最低的发电成本或费用获得更多的、优质的电能。三次调频属于电网经济调度问题，本书涉及储能电池参与电网调频控制方法仅就一次调频、二次调频控制策略进行分析，三次调频不做讨论。

1. 储能电源参与电力系统一次调频的控制策略

一次调频是指当电力系统频率偏离目标频率时，发电机组通过调速系统的自动反应，调整有功出力以维持电力系统频率稳定。一次调频的特点是响应速度快，但是只能做到有差控制。一次调频主要应对短周期的负荷功率变化导致的电网频率波动，响应迅速，可由储能系统自主完成，实现有差调节。其基本工作原理如图 4-13 所示。

由图 4-13 可知，当电网频率值在死区范围 (f_d, f_u) 内时，默认电网频率正常，PCS 不进行调节；当电网频率值在 (f_{low}, f_d) 范围内时，PCS 根据频率值对应的功率值, 对电网补充; 当电网频率低于 f_{low} 时, PCS 以最大功率输出有功功率; 当电网频率值在 (f_u, f_{high}) 范围内时, PCS 根据频率值对应的功率值, 对电网吸收有功功率; 当电网频率高于 f_{high} 时, PCS 以最大功率吸收有功功率。具体的出力大小根据对应控制策略进行调整, 本书将就几种常规控制策略进行详细介绍。

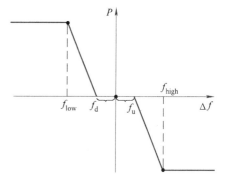

图 4-13　一次调频工作原理图

(1) 储能电池参与一次调频下垂控制方法

储能电池参与一次调频的方法如图 4-14 所示。图中, Δf_{db} 为调频死区, Δf_{db_u} 和 Δf_{db_d} 分别为其上、下限值; Δf_u 和 Δf_d 为针对储能电池设置的调频出力上、下限值, 频率偏差超过该限值时储能电池以额定功率出力。

由图 4-14 可知, 当负荷突然增加时, 负荷频率特性曲线将由 $L_1(\Delta f)$ 移至 $L_2(\Delta f)$, 由传统电源的功频曲线 $G(\Delta f)$ 可知其会自动增加出力, 以阻止频率进一步下降, 电网运行点将由稳定运行点 a 移至 b 点, 对应的频率偏差从 0 下降至 Δf_1 (其为负值)。此时, 利用储能电池模拟传统电源的下垂特性以实现参与一次调频, 通过设置储能电池的虚拟单位调节功率 K_E, 对应储能电池的出力为如图中所示的 P_E 值。

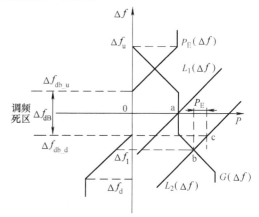

图 4-14　储能电池参与一次调频的方法

电网中的传统电源功率或负荷发生变化时, 必然会引起电网频率的变化。当电网供电大于负荷需求时, 电网频率会上升, 此时应控制储能电池从电网吸收功率; 当电网供电小于负荷需求时, 电网频率会下降, 此时应控制储能电池释放功率至电网。

(2) 储能电池参与一次调频的改进下垂控制

目前储能电源参与一次调频主要是通过模拟机组的下垂特性, 所以需要研究储能电源的功率增量与频率增量之间的内在联系并进行优化控制。根据下垂控制的原理可知, 下垂系数的倒数即为单位调节功率。目前大多数文献采用固定的单位调节功率值参与电力一次调频, 并取得了一定的效果。但是针对负荷的长时随机小扰动, 电池的 SOC 状态作为储能电源一个非常重要的变量之一, 在储能电源控制方法的研究中必须加以考虑。

目前计及储能 SOC 影响的控制策略的基本思想主要分为两种。一种是如何在调频过程中维持 SOC 在期望值附近，一般为 50%。当储能 SOC 较高时，储能电源多充电，减少放电；当储能 SOC 较低时，储能电源多放电，减少充电。另一种则是当储能电源进入调频死区时，如何将 SOC 恢复到期望值附近。

风险偏好曲线是反映决策者对风险态度的一种曲线。由于调频效果反映了储能电源在技术上的应用效果，而 SOC 的保持效果反映了储能电源在经济性上的投资风险。正如不同的投资者对风险的态度存在差异，在电力运行过程中，电力系统的不同应用场合同样对调频效果和 SOC 控制效果存在不同偏好。通过借鉴风险偏好曲线的分类方法，提炼了三种控制策略。按照调频效果和 SOC 保持效果的偏好，三种控制策略可分为保守型、激进型及混合型。

1）保守型。

图 4-15 为保守型策略中储能 SOC 与 K_b 的关系。图中实线为充电时的单位调节功率，虚线为放电时的单位调节功率。该曲线在 SOC 限制范围内是下凸的。这意味着，在充电时，一开始 K_b 将快速下降，随着 SOC 增加，速度才逐渐减慢。当 SOC = 0.5 时，储能电源处于较低的状态。这种策略更注重对 SOC 的维持，只有当 SOC 足够时才允许储能电源充分出力。

为实现负荷功率在分布式储能单元之间的合理分配，提出了基于荷电状态（SOC）改进下垂控制方法。储能电源的保守型控制策略如式（4-17）所示。

$$K_b = \begin{cases} K_{bmax}SOC^2 & \Delta f < 0 \\ K_{bmax}(SOC-1)^2 & \Delta f > 0 \end{cases}$$

$$(4-18)$$

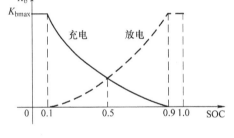

图 4-15　保守型控制策略

式中　K_b——电池单位调节功率；

　　K_{bmax}——储能电源单位调节功率最大值；

　　SOC——电池荷电状态实时值；

　　Δf——频率偏差。

2）激进型。

图 4-16 中的实线为充电时的单位调节功率，虚线为放电时的单位调节功率。该策略与第一种策略恰恰相反，曲线是上凸的，即在充电期间，当 SOC 较小时，K_b 减少较小且减少速度较慢以提供足够的功率输出。在保证了输出的同时，

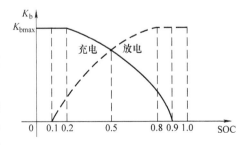

图 4-16　激进型控制策略

牺牲了对 SOC 的保持效果。

根据参考文献［110］提出的一种通过调整充放电功率来保持电池剩余容量的单位调节功率的公式，可得出激进型的控制策略，即

$$K_{b} = K_{bmax}\left\{1 - \left(\frac{SOC - SOC_{low(high)}}{SOC_{max(min)} - SOC_{low(high)}}\right)^{n}\right\} \tag{4-19}$$

式中 K_b——电池单位调节功率；

$\quad K_{bmax}$——储能电源单位调节功率最大值；

$\quad\ \ SOC$——电池荷电状态实时值；

SOC_{max}、SOC_{min}、SOC_{high}、SOC_{low}——分别为设定的荷电状态的最大值、最小值、
较高值和较低值；

$\quad\ n$——方程的幂指数，n 可选为 2。

K_b 按照充电过程和放电过程分为 K_c 和 K_d，其具体控制方式如下

$$P_{V2G} = \begin{cases} K_c\Delta f, \Delta f > 0 \\ K_d\Delta f, \Delta f \leqslant 0 \\ P_{max}, K_c\Delta f \geqslant P_{max} \\ -P_{max}, K_d\Delta f \leqslant -P_{max} \end{cases} \tag{4-20}$$

式中

$$K_b = \begin{cases} K_c = K_{max}\left\{1 - \left(\dfrac{SOC - SOC_{low}}{SOC_{max} - SOC_{low}}\right)^2\right\} \\[3mm] K_d = K_{max}\left\{1 - \left(\dfrac{SOC - SOC_{high}}{SOC_{min} - SOC_{high}}\right)^2\right\} \end{cases} \tag{4-21}$$

式中 P_{V2G}——V2G 的出力；

$\quad K_c$——充电时的单位调节功率；

$\quad K_d$——放电时的单位调节功率。

当期望 SOC 保持在 0.5 附近时，$SOC_{max} = 0.9$、$SOC_{min} = 0.1$、$SOC_{high} = 0.8$、$SOC_{low} = 0.2$。

3）混合型。

在激进型和保守型的基础上，根据参考文献［111］提出的一种新的单位调节功率控制方法可提炼出混合型的控制策略。该策略将 SOC 进行了分段控制。SOC 不同时段的充电单位调节功率和放电单位调节功率不同。

图 4-17 中的实线为充电时的单位调节功率，虚线为放电时的单位调节功率。粗实线和细实线分别为保持的 SOC 不同时的单位调节功率曲线。从图中可以看出，该策略结合了以上两种策略。以充电过程为例，当 SOC 低于期望水平（0.5）时，K_b 如激进型策略一样减少以保证输出足够功率；当 SOC 稍大时，K_b 则像保守型一

样迅速减小出力以阻止 SOC 继续增大。

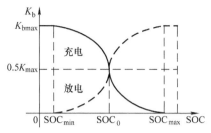

图 4-17　混合型控制策略

当 $SOC_i < SOC_0$ 时，该策略令电池充电时的单位调节功率大于放电时的单位调节功率，从而使电池吸收的功率大于放出的功率，电池的 SOC 将被迫提升。

同理，$SOC_i > SOC_0$ 时，该策略令电池充电时的单位调节功率小于放电时的单位调节功率，从而使电池吸收的功率小于放出的功率，电池的 SOC 将被迫下降。

在 SOC_{min} 和 SOC_{max} 不变时，SOC_0 可以随意改变。

2. 储能电池参与二次调频的方法

二次调频也称为自动发电控制（AGC），是指发电机组提供足够的可调整容量及一定的调节速率，在允许的调节偏差下实时跟踪频率，以满足系统频率稳定的要求。二次调频可以做到频率的无差调节，且能够对联络线功率进行监视和调整。二次调频主要应对较长周期的负荷功率变化导致的电网频率波动，通过自动发电量控制（AGC）指令调度储能系统完成，从而实现无差调节，其工作原理如图4-18所示。

由图 4-18 可知，当电网频率升高时，储能系统通过吸收电网有功功率，给蓄电池充电，使得电网频率恢复到调频死区范围内，调频指令由调度经 AGC 发送至 EMS（能量管理系统），再指派至储能系统及 PCS 功率变换装置进行控制，而能量则经由电网至 PCS 在电池储能系统中存储起来。相应地，当电网频率降低时，电池放电，储能系统通过向电网输出有功功率，使得电网频率恢复

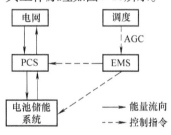

图 4-18　二次调频工作原理图

到调频死区范围内，调频指令由调度经 AGC 发送至 EMS（能量管理系统），再指派至储能系统及 PCS 功率变换装置进行控制，而能量则经由电池储能系统释放，经 PCS 功率变换装置进入电网，以维持电网稳定。

储能电池参与二次调频的方法如图 4-19 所示。当负荷突然增加时，负荷频率特性曲线将由 $L_1(\Delta f)$ 移至 $L_2(\Delta f)$，当传统电源的一次调频功能启动时，电网运行点将由稳定运行点 a 移至 b 点，对应的频率偏差从 0 下降至 Δf_1（其为负值）。当传统电源的二次调频功能启动时，假设其备用容量不足，功率频率曲线将由 $G_1(\Delta f)$ 移至 $G_2(\Delta f)$，对应的二

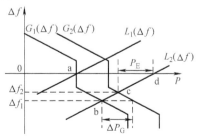

图 4-19　储能电池参与二次调频的方法

次调频出力为 ΔP_G，此时电网运行点将由 b 点移至 c 点，即频率偏差从 Δf_1 回升至

Δf_2。在此场景下，控制储能电池放电，功率指令为 P_E，频率偏差将恢复至 0。即传统电源联合储能电池参与二次调频，通过对区域控制误差信号的合理分配，使得传统电源的出力为 ΔP_G，储能电池的出力为 P_E，最终实现电网频率的无差调节。

（1）基于 ARR 信号的控制方式分析

在现有研究中，储能电源参与 AGC 的控制策略为 ARR 信号的分配方式，相应控制框图如图 4-20 所示。

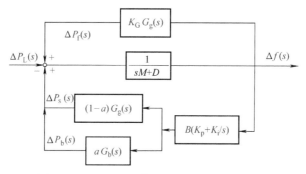

图 4-20 基于 ARR 信号分配的控制方式框图

图中，a 为储能出力在 ARR 信号中所占比例系数；$1-a$ 为机组二次调频出力在 ARR 信号中所占比例系数。基于图 4-20，可以推导出机组出力、储能电源出力、负荷功率以及系统频率的增量关系如式（4-22）～式(4-24) 所示。

频率偏差为

$$\Delta f(s) = \frac{\Delta P_G(s) + \Delta P_b(s) - \Delta P_L(s)}{sM + D} \tag{4-22}$$

机组出力为

$$\Delta P_G(s) = \Delta P_f(s) + \Delta P_s(s) = -\left[K_G + (1-a)B\left(K_p + \frac{K_i}{s}\right) \right] G_g(s) \Delta f(s)$$

$$= -\left[G_f(s) + (1-a)G_s(s) \right] \Delta f(s) \tag{4-23}$$

当储能出力不计及 SOC 影响时，有

$$\Delta P_b(s) = -aB\left(K_p + \frac{K_i}{s}\right) G_b(s) \Delta f(s) \tag{4-24}$$

式中，$G_b(s)$ ——储能电源出力延时。

从式（4-23）和式（4-24）中可看出，在暂态过程中，一次调频量和频率偏差的变化基本一致。由于 PI 环节的存在，储能电源出力的快速特性被部分抑制，并和机组二次调频量一样保持稳步增长。在稳态时，最终由储能电源和机组二次调频量按比例分担负荷增量，机组一次调频量减小至零。若使用 ARR 信号作为控制信号，从系统的角度来看，此方法未能很好地利用储能的快速响应能力以优化系统性能。更重要的是，从储能电源容量的角度来看，此方法在保持 SOC 方面的局限性是显而易见的。

（2）基于 ACE 信号的控制方式分析

为了克服上节所分析的 ARR 信号分配方式的缺陷，相对而言的一种基于 ACE 信号直接分配的控制方式，其控制框图如图 4-21 所示。

从图 4-21 中可以看出，该控制方式与基于 ARR 信号的控制方式不同之处在于，储能电源的控制信号没有经过 PI 环节，直接来自于 ACE 信号，即储能电源出力与 ACE 信号呈正比关系，可以即时响应 ACE 的变化。

频率偏差和机组出力的表达式与上节所提表达式一致，但储能电源出力不再经过 PI 环节，如式（4-25）所示。

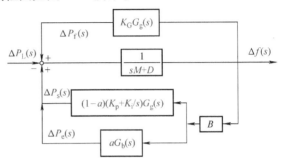

图 4-21　基于 ACE 信号分配的控制方式框图

$$\Delta P_{\rm b}(s) = -aBG_{\rm b}(s)\Delta f(s) \tag{4-25}$$

从式（4-25）中可看出，在暂态过程中，储能电源与随着频率偏差变化而增减出力，并避免了 PI 控制器的延时影响。在发生同一扰动时，相比基于 ARR 信号的控制方式，储能电源出力减小，机组一次、二次调频量均增加。在稳态时，最终由机组二次调频全部补偿负荷增量，而储能电源出力和一次调频量减小至 0。这种控制方式不仅可以保证其快速动作的能力，也可以使储能电源自适应地减小 SOC 变化。

4.3.3　考虑储能系统参与电网调频动作时机与深度的运行方法

基于区域电网等效模型，在时域中通过分析灵敏度系数的特征，确定储能电池的动作时机及其应当采取的控制模式，基于此将调频过程划分为不同的时段，并结合调频评估指标要求得到各时段的动作深度，进而形成储能电池的控制策略。

1. 基于时域灵敏度系数分析的动作时机

因储能电池的响应时间远小于传统电源，故在研究过程中近似认为 PCS 环节的时间常数为 0[117,118]，即储能电池模型的传递函数 $N(s)$ 简化为 1，据此展开分析。

（1）灵敏度系数的特征分析

1）据灵敏度理论分析，频差变化率 $\Delta o(t)$ 对储能电池的虚拟惯性系数 $M_{\rm E}$ 的灵敏度系数的一阶导数为 0 的时刻与 $\partial\Delta o(t)/\partial t = 0$ 对应的时刻相同。

在 $0 \sim t_{\rm m}$ 时段，当负荷扰动 $\Delta p_{\rm L}$ 为正值时，显然峰值时刻 $t_{\rm m}$ 的频差变化率 $\Delta o(t_{\rm m})$ 为 0、初始频差变化率 Δo_0 为负值且频差变化率 $\Delta o(t)$ 单调上升，进而可知 $\partial\Delta o(t)/\partial t$ 为正值且 $\Delta o(t)$ 对 $M_{\rm E}$ 的灵敏度系数的一阶导数为负值，即 $\Delta o(t)$ 对 $M_{\rm E}$

的灵敏度系数单调下降，则其最大值为 t_0 时刻的值 $(\Delta o_0)^2/\Delta p_L$；当 Δp_L 为负值时，$\Delta o(t)$ 对 M_E 的灵敏度系数的负向最大值也为 $(\Delta o_0)^2/\Delta p_L$。综合可得，$\Delta o(t)$ 对 M_E 的灵敏度系数绝对值最大时对应的时刻为 t_0。

2）据灵敏度理论分析，频率偏差 $\Delta f(t)$ 对储能电池的虚拟单位调节功率 K_E 的灵敏度系数一阶导数为 0 的时刻与频差变化率 $\Delta o(t)$ 为 0 对应的时刻相同。

在 $0 \sim t_m$ 时段，当负荷扰动 Δp_L 为正值时，由前述分析可知 $\Delta o(t)$ 由负向最大值单调上升至 0，进而可知 $\Delta o(t)$ 对储能电池虚拟惯性系数 M_E 的灵敏度系数一阶导数为负值，即 $\Delta o(t)$ 对 M_E 的灵敏度系数单调下降；同时，$\Delta f(t)$ 对储能电池的虚拟单位调节功率 K_E 的灵敏度负向最大值对应的时刻为峰值时刻 t_m。同理，当 Δp_L 为负值时，$\Delta f(t)$ 对 K_E 的灵敏度系数的正向最大值对应的时刻也为 t_m。结合可得，$\Delta f(t)$ 对 K_E 的灵敏度系数绝对值最大时对应的时刻为 t_m。

3）据灵敏度理论分析，$\Delta f(t)$ 对 M_E 的灵敏度系数绝对值最小时对应的时刻为 t_m。

在扰动起始时刻 t_0，频差变化率 $\Delta o(t)$ 对储能电池虚拟惯性系数 M_E 的灵敏度系数绝对值最大；在峰值时刻 t_m，频率偏差 $\Delta f(t)$ 对储能电池的虚拟单位调节功率 K_E 的灵敏度系数的绝对值最大且 $\Delta f(t)$ 对 M_E 的灵敏度系数的绝对值最小。

（2）动作时机及对应的控制模式

基于前述灵敏度理论分析，可得储能电池的各动作时机所对应的运行状态分别应当满足以下条件：

1）在扰动起始时刻 t_0，频差变化率 $\Delta o(t)$ 对储能电池的虚拟惯性系数 M_E 的灵敏度系数绝对值最大且此时 $\Delta o(t)$ 的绝对值最大，随后频率会快速下滑。因此，为了较好地满足初始频差变化率 Δo_0 和最大频率偏差 Δf_m 的控制要求，以 t_0 时刻作为储能电池参与一次调频的初始时刻，同时选用虚拟惯性控制模式。

2）在峰值时刻 t_m，频率偏差 $\Delta f(t)$ 对储能电池的虚拟单位调节功率 K_E 的灵敏度系数绝对值最大，$\Delta f(t)$ 对 M_E 的灵敏度系数绝对值最小且 $|\Delta f(t)|$ 为最大值，随后频率会逐步恢复。因此，为了较好地满足准稳态频率偏差 Δf_{qs} 的控制要求，以 t_m 作为储能电池控制模式切换时刻，由虚拟惯性控制模式切换为虚拟下垂控制模式。

3）在准稳态时刻 t_{qs}，频率偏差 $\Delta f(t)$ 稳定于准稳态频率偏差 Δf_{qs} 且频差变化率 $\Delta o(t)$ 恒为 0，一次调频过程结束。因此，以 t_{qs} 时刻作为储能电池参与一次调频的退出时刻。

4）一次调频过程结束后需维持储能电池荷电状态 Q_{SOC} 接近于运行参考值 $Q_{SOC,ref}$，以便能更好地迎接下一次调频任务，故需对其进行额外的充放电。

综合以上四点即完成了储能电池参与一次调频动作时机的确定。因此，可将一次调频过程划分为如下两个时段：第一时段为 $t_0 \sim t_m$，对应采用虚拟惯性控制模式；第二时段为 $t_m \sim t_{qs}$，对应采用虚拟下垂控制模式。

2. 基于调频评估指标要求的动作深度

假设储能电池放电为正，充电为负，Δp_L 为正值，下面分析各调频时段储能电池所必需的动作深度。

（1）t_0 时刻储能电池的动作深度分析

引入功率变量 P_{E0}（实际值）。t_0 时刻需要满足 $\Delta o_{max} \leq \Delta o_0 \leq 0$，假设储能电池的动作深度为 ΔP_{E0}（标幺值），此时可得

$$\Delta o_{max} \leq \Delta o_0 = \frac{\Delta P_{E0} - \Delta p_L}{M} \leq 0 \tag{4-26}$$

$$\Rightarrow (\Delta p_L + M \cdot \Delta o_{max}) \leq \Delta P_{E0} \leq \Delta p_L$$

一般选择上式中的较小值作为 ΔP_{E0} 的值，即取（$\Delta p_L + M\Delta o_{max}$），从而可得 P_{E0}，即

$$(\Delta p_L + M\Delta o_{max})S_{BASE} \leq P_{E0} \leq \Delta p_L S_{BASE} \tag{4-27}$$

式中　S_{BASE}——电网的额定容量。

针对具体的电网需求，P_{E0} 值可在此范围内灵活选择，一般取较小值。

（2）$t_0 \sim t_m$ 时段内储能电池的动作深度分析

引入功率变量 P_{E1}。该时段储能电池通过虚拟惯性控制模式参与一次调频，对应的储能电池虚拟惯性系数 M_E 确定方法如下：利用参数轨迹灵敏度方法[119]分析电网的惯性时间常数 M 对最大频率偏差 Δf_m 的影响，为实现 $\Delta f_m \geq \Delta f_{m\_max}$ 的目标，分析出合适的电网惯性时间常数 M_1，进而可知 M_E 需满足式（4-27）。

$$M_E \frac{P_{E1}}{S_{BASE}} \geq (M_1 - M) \tag{4-28}$$

$$\Rightarrow M_E \geq (M_1 - M)S_{BASE}/P_{E1}$$

（3）$t_m \sim t_{qs}$ 时段内储能电池的动作深度分析

引入功率变量 P_{E2}。该时段储能电池通过虚拟下垂控制模式参与一次调频，当一次调频过程结束，即频率偏差 $\Delta f(t)$ 达到准稳态频率偏差 Δf_{qs} 时，经推导可得虚拟单位调节功率 K_E 需满足：

$$\Delta f_{qs\_max} \leq \Delta f_{qs} \leq 0$$

$$\Rightarrow \Delta f_{qs\_max} \leq \frac{-\Delta p_L}{D + K_G + \left(K_E \dfrac{P_{E2}}{S_{BASE}}\right)} \leq 0 \tag{4-29}$$

$$\Rightarrow K_E \geq \frac{-S_{BASE}\left(\dfrac{\Delta p_L}{\Delta f_{qs\_max}} + K_G + D\right)}{P_{E2}}$$

由式（4-28）和式（4-29）可知，只要选定电网的额定容量 S_{BASE}、负荷扰动 Δp_L、准稳态频率偏差限值 Δf_{qs_max}、传统电源的单位调节功率 K_G、负荷阻尼系数

D、$t_0 \sim t_m$ 时段内引入的功率变量 P_{E1} 和 $t_m \sim t_{qs}$ 时段内引入的功率变量 P_{E2}，即可确定储能电池的虚拟惯性系数 M_E 和虚拟单位调节功率 K_E。对于确定的电网，Δp_L 可通过统计确定，S_{BASE}、Δf_{qs_max}、K_G 和 D 也为已知量，因此 M_E 的选取仅与 P_{E1} 相关，K_E 的选取仅与 P_{E2} 相关。一般通过以上两式首先确定 P_{E1} 与 P_{E2} 的值，t_0 时刻引入的功率变量 P_{E0} 取式（4-27）中的 $(\Delta p_L + M\Delta o_{max}) S_{BASE}$，从而可得储能电池的功率需求 P_E 满足：

$$P_E = \max(P_{E0}, P_{E1}, P_{E2}) \tag{4-30}$$

通过 P_E 可最终确定储能电池的虚拟惯性系数 M_E 与虚拟单位调节功率 K_E 的值，从而完成储能电池参与一次调频的动作深度确定。

3. 控制策略流程

基于以上动作时机与深度的分析，形成考虑储能电池参与一次调频动作时机与深度的控制策略，其对应的流程如图 4-22 所示。

1）获取区域电网的基础参数；统计典型工况（非峰荷期和峰荷期等）下的最大过剩功率 $\Delta P_{surplus}^{max}$（需要储能电池充电）和最大缺额功率 $\Delta P_{shortage}^{max}$（需要储能电池放电），则对应工况下的最大负荷扰动 Δp_{L_max} 为 $\max(\Delta P_{surplus}^{max}, \Delta P_{shortage}^{max})$，此时需提出各工况下的调频评估指标要求。

2）基于前一步骤，利用灵敏度原理确定储能电池的初始投入时刻，同时选用虚拟惯性控制模式，并依据式（4-28）确定此调频时段对应的储能电池的虚拟惯性系数 M_E 与所需的功率变量 P_{E1} 之间的关系；再确定储能电池的控制模式切换时刻，同时选用虚拟下垂控制模式，并依据式（4-29）确定此调频时段对应的虚拟单位调节功率 K_E 与所需的功率变量 P_{E2} 之间的关系。最后利用式（4-30）确定储能电池的功率需求 P_E，进而得到 M_E 和 K_E 的值。

3）设储能电池的容量需求为 E_B，荷电状态运行参考值 $Q_{SOC,ref}$ 取为 0.5。基于确定的最大负荷扰动 Δp_{L_max}、储能电池的功率需求 P_E、虚拟惯性系数 M_E 和虚拟单位调节功率 K_E，仿真模拟对应工况下的充电或放电情况。记录 $t_0 \sim t_m$ 时段内第 i 时刻的动作深度 ΔP_{Ei}，最大频率偏差 Δf_m 对应的时间 t_m，

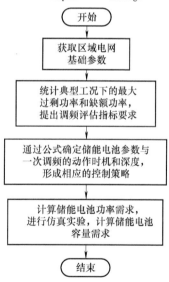

图 4-22 储能电池参与一次调频的控制策略实现流程

$t_m \sim t_{qs}$ 时段内第 j 时刻的动作深度 ΔP_{Ej}，准稳态频率偏差 Δf_{qs} 对应的时间 t_{qs}。在满足一次调频要求的前提下，计算各调频阶段的所需的储能电池容量 E_B。

4.3.4 电池储能系统参与电网调频的运行控制实例

储能电池的额定功率 $P_{ES,rated}$ 和额定容量 E_{rated} 分别为 10MW 和 2.5MWh，其荷

电状态 Q_{SOC} 的下限 $Q_{SOC,min}$ 和上限 $Q_{SOC,max}$ 分别为 0.2 和 0.8，对应的储能电池容量下限 E_{min} 和容量上限 E_{max} 分别为 0.5MWh 和 2MWh。传统电源为火电机组，额定功率 $P_{G.rated}$ 为 800MW，调频备用容量 $P_{G.cap}$ 范围为 -40MW ~40MW，爬坡速率为 24MW/min（$3\% P_{G.rated}$），其余为小水电机组；电网的惯性时间常数 M 和负荷阻尼系数 D 分别取 10 和 0.5。假设 0.03pu（基准值 1000MW）的小水电机组脱网，仿真时长为 250s，依托含有储能电池的区域电网调频动态模展开仿真对比。

1. 电池储能系统参与电网一次调频的运行控制实例

假设负荷扰动与电网的惯性时间常数 M 和负荷阻尼系数 D 无关，基于此前提，对表 4-6。所述两种工况下储能的功率需求进行分析。对于工况 1，若需控制 $\Delta o_0 \geq \Delta o_{max}$，则 P_{E0} 应满足如下要求：$4.8MW \leq P_{E0} \leq 30MW$；若需控制 $\Delta f_m \geq \Delta f_{m\_max}$，则 M_1 应不小于 10.8s，此处取为 10.8s，可得 $P_{E1} \geq 11.4MW$；若需控制 $\Delta f_{qs} \geq \Delta f_{qs\_max}$，则 $P_{E2} \geq 10.344MW$。对于工况 2，同理可得：$3MW \leq P_{E0} \leq 30MW$，$M_1$ 应取为 11.4s，$P_{E1} \geq 7.8MW$，$P_{E2} \geq 9.75MW$。由于两种工况下所需的储能功率分别为 11.4MW 和 9.75MW，考虑到储能的效率，确定储能的功率需求为 12MW。综上可得具体的功率需求见表 4-7。

表 4-6　电网参考事故和调频评估指标要求

S_{BASE}/MW	工况 1（非峰荷期）	工况 2（峰荷期）
（2009）	150	250
Δp_{L_max}/(puMW)	0.2	0.12
K_G/(puMW/puHz)	23.34	20
M/s	7	9
D/(puMW/puHz)	1	1
Δo_{max}/(puHz/s)	0.024	0.012
Δf_{m_max}/(puHz)	0.02	0.013
Δf_{qs_max}/(puHz)	0.0072	0.005

表 4-7　储能的功率需求

配置参数	工况 1	工况 2
P_E/MW	12	
M_E/(puMWs/puHz)	3.8	2.4
K_E/(puMW/puHz)	3.45	3

在表 4-7 中，以对应工况下的电网额定容量 S_{BASE} 为基准，在储能功率需求为 12MW 的前提下，可得 M_E 和 K_E 的取值在工况 1 中分别为 3.8 和 3.45，在工况 2 中分别为 2.4 和 3。

基于前述功率需求计算结果展开仿真实验，对比仅含传统电源（Traditional Frequency Regulation，TFR）调频以及传统电源与储能（TFR-ESS）联合调频两种方案，仿真和计算结果分别如图 4-23、图 4-24 和表 4-8 所示。图中传统电源和储能的动作深度均以对应工况下的电网额定容量 S_{BASE} 为基准。

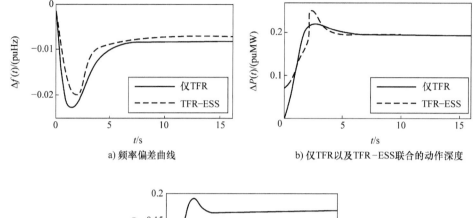

a) 频率偏差曲线

b) 仅TFR以及TFR-ESS联合的动作深度

c) TFR-ESS联合时各自的动作深度

图4-23　电网引入储能前后的调频结果（工况1）

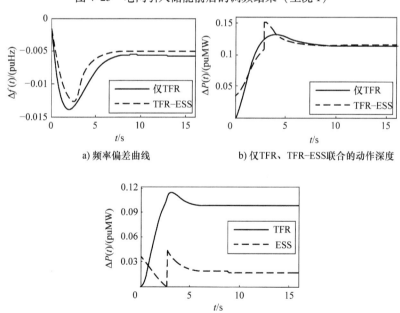

a) 频率偏差曲线

b) 仅TFR、TFR-ESS联合的动作深度

c) TFR-ESS联合时各自的动作深度

图4-24　电网引入储能前后的调频结果（工况2）

表 4-8 调频评估指标计算结果

调频评估指标	工况 1		工况 2	
	仅 TFR	TFR – ESS	仅 TFR	TFR – ESS
$\Delta o_0 /(\text{puHz/s})$	− 0.0286	− 0.0186	− 0.0134	− 0.01
$\Delta f_\text{m} /(\text{puHz})$	− 0.0228	− 0.02	− 0.0139	− 0.013
$\Delta f_\text{qs} /(\text{puHz})$	− 0.0082	− 0.0072	− 0.0057	− 0.005
G_pm /MWs	0.121	0.262	0.106	0.164
G_pqs /MWs	1.476	1.65	1.149	1.234

对于工况 1 和工况 2，图 4-23a 和图 4-24a 为频率偏差 $\Delta f(t)$ 曲线。结合表 4-8 中的初始频差变化率 Δo_0、最大频率偏差 Δf_m 和准稳态频率偏差 Δf_qs 指标可知，储能的引入显著改善了调频效果，且两种工况下的调频评估指标计算结果均能较好地与理论分析相吻合，从而达到了参考事故下的频率控制要求。其中工况 1 的 Δo_0 从 − 0.0286puHz/s 变为 − 0.0186puHz/s，工况 2 的 Δo_0 从 − 0.0134puHz/s 变为 − 0.01puHz/s，满足了表 4-6 所述的频差变化率限值 Δo_max 要求，同时，Δf_m 和 Δf_qs 指标也满足了相应的最大频率偏差限值 $\Delta f_\text{m\_max}$ 和准稳态频率偏差限值 $\Delta f_\text{qs\_max}$ 要求。图 4-23b 和图 4-24b 为不同工况下仅 TFR 和 TFR – ESS 联合调频的动作深度。结合表 4-8 中的短时贡献电量 G_pm 和长时贡献电量 G_pqs 指标可知，相比仅 TFR 调频，TFR – ESS 联合调频的优势在于 $t_0 \sim t_\text{m}$ 时段的 G_pm 上，而在 G_pqs 上差距较小，这表明储能的引入在改善调频效果的同时，并未增加太多额外的调频电量需求。图 4-23c 和图 4-24c 为不同工况下 TFR – ESS 联合调频时传统电源和储能各自的动作深度。由图中可知，相比仅 TFR 调频，此时传统电源的动作深度相对减小，即引入储能可减轻它的调频负担；同时，理论分析得出的 12MW 储能可较好地满足各工况需求，其最关键的作用是在扰动瞬间提供了峰值功率，避免了初始频差变化率的突变及低频减载的启动，并将准稳态频率偏差控制在要求范围内。

通过对储能在各调频时段内的动作深度进行积分，可得到两种工况下的容量需求结果（包含额定功率与持续时间），见表 4-9。

表 4-9 储能的容量需求

工况	$t_0 \sim t_\text{m}$ 时段	$t_0 \sim t_\text{qs}$ 时段
	E_B	E_B
1	12MW × 1s	12MW × 4.3s
2	12MW × 0.7s	12MW × 3.6s

由表 4-9 可知，在对应时段选择两种工况下所需容量的较大值，即在 $t_0 \sim t_\text{m}$ 时段内预留 12MW × 1s、在 $t_0 \sim t_\text{qs}$ 时段内预留 12MW × 4.3s 就能满足调频要求。为了避免储能的深度充放电影响其使用寿命，且保持其在下一调频任务时处于可充和可放的状态（即控制荷电状态 Q_SOC 接近于运行参考值 $Q_\text{SOC,ref}$）并计及 PCS 的损耗，可得最终的储能容量需求方案为 12MW × 9s。由于储能具有高倍率放电能力[120]，即使按上节所配置的 10MW 储能电池也能满足这两种工况的要求。

2. 电池储能系统参与电网二次调频的运行控制实例

其仿真结果分别如图 4-25 ~ 图 4-27、表 4-10 和表 4-11 所示。图 4-25 为频率偏差 Δf 和区域控制误差信号 S_{ACE} 曲线；图 4-26 为储能的参与因子 α 和灵敏度 S_{α}^{ES} 曲线；图 4-27 为储能的动作深度 ΔP_{ES}、传统电源参与二次调频的动作深度 ΔP_S、二次调频总动作深度 ΔP_{total} 和传统电源参与一次调频的动作深度 ΔP_F 曲线；表 4-10 和表 4-11 分别为与频率和贡献电量相关的指标计算结果。

针对上节所提策略，图 4-25a 和表 4-10 显示其结合了基于 ACE 信号的控制方式分析（以下统一称"模式一"）在抑制最大频率偏差 Δf_m、减小达到峰值的时间 t_m 和降低频率下滑速度 V_m 上的优势，及基于 ARR 信号的控制方式分析（以下统一称"模式二"）在减少达到稳态的时间 t_s 和提高频率恢复速度 V_r 上的优势，进而使得频率偏差 Δf 快速恢复至零。由图 4-25b 同样能得到此分析结果。由图 4-26a 可看出，它的储能参与因子 α 值是变化的，在阶段 1 和阶段 2 中分别为 0.294 和 0.2，对应的模式切换时刻为第 25s；图 4-26b 显示其使得灵敏度 S_{α}^{ES} 在调频过程中恒小于 0，保留了模式一在阶段 1 和模式二在阶段 2 的灵敏度特性，避免了模式一因 S_{α}^{ES} 过零而导致的阻碍作用，也较好地发挥了储能的辅助调频作用，间接证明了图 4-25a 和表 4-6 分析结果的合理性。

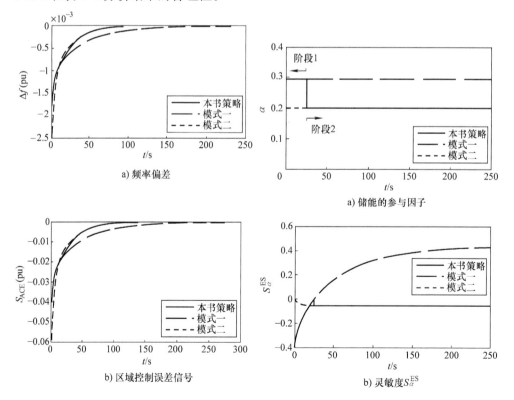

图 4-25　频率偏差和区域控制误差信号曲线　　图 4-26　储能的参与因子和灵敏度 S_{α}^{ES} 曲线

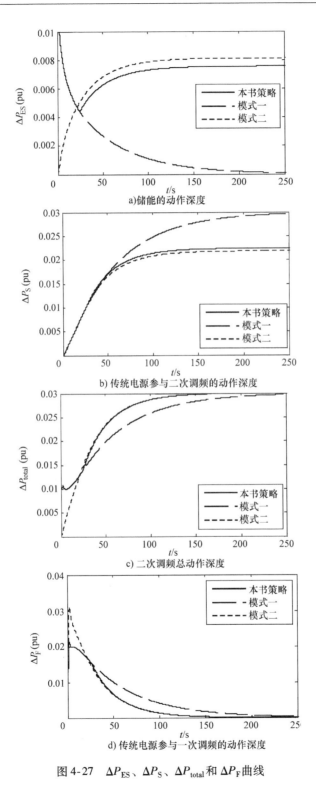

a)储能的动作深度

b) 传统电源参与二次调频的动作深度

c) 二次调频总动作深度

d) 传统电源参与一次调频的动作深度

图 4-27　ΔP_{ES}、ΔP_{S}、ΔP_{total} 和 ΔP_{F} 曲线

表 4-10　与频率相关指标的计算结果

策略	Δf_m/(pu)	t_m/s	V_m/(pu/s)	t_s/s	V_r/(pu/s)
模式一	0.0016	1.31	0.0012	241	6.58×10^6
模式二	0.0023	1.5	0.0015	144	1.61×10^5
本书所提策略	0.0016	1.31	0.0012	144	1.11×10^5

表 4-11　与贡献电量相关指标的计算结果

策略	G_{ES}/MWh	G_S/MWh	G_{total}/MWh	G_F/MWh
模式一	0.1094	1.5260	1.6354	0.3662
模式二	0.2657	0.6561	0.9218	0.2740
本书所提策略	0.2699	0.6727	0.9426	0.2547

图 4-27a 和表 4-11 中储能的贡献电量 G_{ES}、图 4-27b 和表 4-11 的传统电源参与二次调频的贡献电量 G_S 表明其仅需储能和传统电源释放与模式二相当的能量就能获得更好的调频效果。由图 4-27c 和表 4-11 的二次调频总贡献电量 G_{total} 指标可看出，它在保证调频效果最佳的前提下，需要的 G_{total} 仅稍多于模式二，但明显少于模式一，显著体现了本策略的优越性。由图 4-27d 和表 4-11 的传统电源参与一次调频的贡献电量 G_F 指标可知，它降低了传统电源参与一次调频的贡献电量，减少了相应的调频容量需求。

应当指出，所提策略充分利用了储能的技术优势，使得电网能够更为准确地跟踪调频信号，避免了传统调频中出现的延迟、反向和偏差等现象，能达到有效改善暂/稳态频率质量的目标。同时，它还能提高传统电源的运行效率，节省燃料且减少废气排放，进而带来了更多的间接效益。最后，它还能减少需要购买的调频服务量，避免了由于传统电源对调频信号的不准确响应而导致的高调频容量需求。

4.4　小结

本章阐述了电池储能参与电网调频应用的部分理论和技术问题，从选址和容量配置的规划优化到控制策略的运行优化，为储能的科学合理配置与应用提供了技术指导，为推动其进入调频市场做出了分析。本章得出如下结论：

1）储能电池参与电网调频应用的选址，需要考虑各类型储能的技术特点及成熟度、相关政策及部门的支持度等因素。在此基础上，提炼具体的评价指标，得到评估方法体系及具体的步骤流程，为储能系统接入电网后能为电网提供快速的功率支撑，提高电网频率稳定水平。最后，总结储能在电源侧和用户侧接入电网的应用成熟示范工程。

2）储能电池参与电网调频应用的容量配置，阐述了储能电池容量配置的通用方法，定义了储能电池参与电网调频的技术与经济评价指标，并构建了基于全寿命周期理论的储能电池经济评估模型。基于所提的储能电池参与电网调频的充放电策略，以调频效果、经济性最优和两者综合最优为目标，以电网调频要求及储能电池运行要求为约束，展开了储能电池容量的优化配置。

3）储能电池参与电网调频应用的控制策略，根据电网频率特性分析得到了确定储能电池合理动作时机应满足的条件，及结合此条件给出的储能电池参与调频的相关动作时机及其应采取的控制模式，即在扰动起始时刻投入储能电池，在最大频率偏差对应时刻将控制模式从虚拟惯性控制切换为虚拟下垂控制，在达到稳态频率偏差对应时刻退出，为确定储能电池运行状态的切换提供了科学依据。

第5章

电池储能系统调频
控制技术

5.1　电力系统调频服务需求概述

近年来随着可再生能源的快速发展和接入，我国电网中波动性新能源电源的占比不断增加。为了维持电网运行的频率质量，对具备快速响应能力的快速频率调节容量的需求也进一步增加。电池储能系统凭借其独特的物理特性，在实现电能的时间平移基础上还具备快速调整输出功率实现高性能电网频率控制的运行潜力，成为未来进一步提升可再生能源占比的重要技术保障手段之一。本章将结合电池储能系统的自身技术特点，对电池储能系统参与电网频率控制的方法和经济收益进行详细分析和介绍。

5.1.1　电力系统频率控制的必要性

目前，世界主要电网的运行形式仍然保持着交流电网的运行形式。在这种环境下，将电力系统的运行频率保持在一个稳定值或一个有限小的稳定区域是确保电力系统安全稳定运行的一项重要任务。交流电力系统的运行频率偏移额定频率较大时，会对与交流电力系统直接相连的各种运行部件造成很大危害与损耗。具体如下：

1）频率偏移对发电机和系统安全运行的影响。频率向下偏移过大时，汽轮机叶片振动会加大，轻则影响使用寿命，重则可能导致机组叶片断裂，造成机组永久性损坏和损失供电负荷的重大损失。对于额定频率为50Hz的电力系统，当频率下降到47～48Hz时，送风机、吸风机、给水泵、循环水泵和磨煤机等由异步电动机驱动的火力发电机组厂用相关设备的机械输出功率将出现明显下降，随即将引起火电机组的原动汽轮机出力下降，从而使火力发电机组输出的有功功率下降。如果不能及时阻止这一运行趋势，就会在短时间内使得电力系统频率进一步加速下降到更加危险的区域，这种现象称为频率雪崩。出现频率雪崩会造成大面积停电，甚至使整个系统瓦解，造成电力系统重大运行事故。当频率降低到45Hz附近时，即10%的额定频率偏差，某些汽轮机的叶片有可能因发生共振而断裂，造成大型火电机组永久损坏的重大损失。

2）频率偏移对电力用户的不利影响。电力系统频率变化会引起异步电动机转速变化，这会使得电动机所驱动的加工工业产品的机器转速发生变化。有些产品（如纺织和造纸行业的产品）对加工机械的转速稳定性的要求很高，转速不稳定会影响产品质量，甚至会出现次品和废品。电力系统频率波动会影响某些测量和控制用的电子设备的准确性和性能，频率过低时有些设备甚至无法工作，这对一些重要工业是不允许的。电力系统频率降低将使电动机的转速和输出功率降低，导致所带动机械的转速和出力降低，影响用户设备的正常运行。

5.1.2 电力系统调度控制系统概述

电力系统的调度运行系统是一个复杂的按照时间尺度进行分层控制的自动化与人工相结合的非线性系统。其功能按照时间尺度的系统划分可由图5-1进行简要描述。

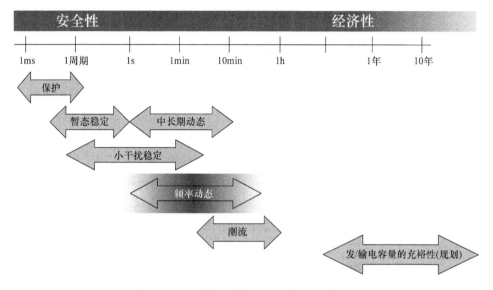

图5-1 电力系统多时间尺度对应的研究问题

其中保护系统是电力系统最底层和最快速的自动化系统，动作时间以毫秒记；在其之上是各类扰动引起的稳定问题，时间尺度在数毫秒至数分钟不等；进一步是本书中讨论的电力系统频率控制问题，时间尺度在数秒至数分钟；再长时间尺度的问题是最优潮流对应的电力系统静态和动态潮流计算问题；再次是以天和星期计数的确定发电机组起停的机组组合问题；最后是长时间尺度的发电及输电系统投资决策对应的容量规划问题，其时间尺度通常需要数年至数十年。在这其中电力系统的保护、一次频率控制、二次频率控制、经济调度以及机组组合计算程序在从短至长的时间尺度上构成了电力系统的多时间尺度自动控制系统，以保证电力系统的安全稳定和经济运行目标。

考虑到电池储能系统能量容量与电力系统运行时间尺度的相互耦合关系，本章主要针对电池储能系统参与电力系统二次频率控制进行分析与讨论。

5.1.3 电力系统频率控制的挑战

电池储能系统作为一种能够实现快速响应的技术调节手段可有效增强电力系统的频率控制质量，提升电力系统运行质量。随着电力系统不断接入更多的波动性新能源发电系统，电力系统从发电侧引入的波动性进一步增加。为了维持电力系统频率的运行质量，电力系统对快速调节控制手段的需求进一步增加。另一方面，现有的大型发电机组受限于爬坡速率，无法提供充足的快速调节能力。在新能源发电系统受自然气象条件影响而导致输出功率出现短时大幅度波动时，电力系统的频率可能出现无法满足电力系统安全稳定运行的极端情况。在这种情况下，能够在短时间内提供快速响应的频率调节技术手段显得尤为可贵和重要。

另一方面，所有电池储能系统均通过电化学反应实现电能的存储与释放过程。因此电池储能系统的输出功率变化能够不受到变化速率的物理约束，实现电池储能系统输出功率的大幅快速调节能力。同时，电池储能系统的能量容量受到当前技术水平的限制，在维持额定功率输出的情况下，一般持续运行时间在数分钟到数小时之间。为了最大化电池储能系统辅助电网频率控制的技术效用，需要对电池储能系统参与频率调节的控制协调方法进行深入研究。

因此，开展电池储能系统用于辅助电力系统频率调节的研究对于提升电力系统接入波动性可再生能源和安全稳定运行水平具有重要的研究意义和广阔的应用前景。

5.2　调频服务的考核与补偿方法

5.2.1　我国电网频率考核方法

我国自20世纪80年代末期从国外引进AGC以来，逐步建立了具有我国特色的自动发电控制（AGC）策略。结合我国电网运行的实际情况和运行需求，经过多年的摸索和实践，不断提升AGC系统的自动化水平，显著提高了我国电网的频率质量，为电网的安全经济运行发挥了重要作用。其中，我国近30年AGC系统的发展过程主要经历了从分散式频率自动控制装置（AFC）到基于能量管理系统（EMS）的自动控制系统的发展过程。在这个过程中，逐步制定和发展了相关的技术评价标准，用于确保多个互联控制区域的有效协同运行，并明确了各个控制区域对内部负荷波动负有实现区域内平衡的控制责任。

对于南方电网管辖的区域而言，2005年7月1日以前，南方电网采用责任频率考核法来对全网频率进行监控以及考核互联电网交换功率，要求全网运行频率偏差控制在±0.2Hz以内。在这种考核方式下，可以对控制责任进行定性但无法进行定量计量。此外，无法区分各运行区域对频率超出控制区间的事件的控制贡献进行定量计量，从而无法对频率超出控制区间事件中对频率控制起到贡献的区域进行奖励，不利于促进一次、二次调频等技术手段改进，导致系统频率质量不高。为了进一步提升多个互联控制区域内的频率控制质量，我国电网进一步通过引入CPS考核指标提升各个控制区域响应各自区域内部负荷波动的控制质量。

我国华东电网于2001年率先引入频率控制性能标准（Control Performance Standard，CPS）考核指标和运行机制，并进行了一定程度的修改。随后，华中和东北等电网也开始使用CPS来进行区域控制性能的考核工作，提升了电网频率质量。与此同时，南方电网为加强联络线功率与频率偏差控制，促进电网运行和电力交易规范有序，从 2005 年 7 月 1 日起，开始采用 CPS 对各省区联络线功率与频率偏差进行考核，南方电网频率质量显著提高。

具体而言，CPS 标准是基于北美电力系统可靠性委员会（NERC）的 AGC 控制性能 A1 和 A2 标准的基础，于 1996 年推出的控制标准。CPS 标准于 1998 年开始逐步取代了 A1 和 A2 标准。南方电网自 2005 年 7 月开始采用 CPS 控制标准，并制定了《南方电网联络线功率与系统频率偏差控制和考核管理办法》，办法中对 CPS 标准中的 CPS1 及 CPS2 进行了定义。

CPS1 要求互联电网 1 年内 1min 频率偏差在统计意义下的均方根在限定范围内，即

$$\mathrm{RMS}(\Delta f_i^{\mathrm{Avg,1min}}) \leqslant \varepsilon_1 \tag{5-1}$$

式中　$\Delta f_i^{\mathrm{Avg,1min}}$ ——i 区系统频率偏差在 1min 内的平均值；

　　　　RMS ——求取算数均方根运算；

限定值 ε_1 一般为系统上一年度 1min 时段平均频率偏差 $\Delta f^{\mathrm{Avg,1min}}$ 的标准差，具体计算表达式为

$$\varepsilon_1 = \sqrt{\frac{1}{n}\sum_{i=1}^{n}\left(\Delta f_i^{\mathrm{Avg,1min}} - \frac{1}{n}\sum_{i=1}^{n}\Delta f_i^{\mathrm{Avg,1min}}\right)^2} \tag{5-2}$$

考虑到上述的 CPS1 要求为统计意义上的要求，电网在实际运行中可以将其转换为实时控制尺度的运行要求。具体可要求互联电网内各控制区内每个 1min 时段内的区域控制偏差（ACE）均值与同一时段内的频率偏差均值的乘积，除以 10 倍的频率响应系数 B_i 应不大于上一年度 1min 频率平均偏差的统计方差 ε_1，具体计算表达式为

$$\frac{\Delta \mathrm{ACE}_i^{\mathrm{Avg,1min}}\Delta f_i^{\mathrm{Avg,1min}}}{-10B_i} \leqslant \varepsilon_1 \tag{5-3}$$

式中　$\Delta \mathrm{ACE}_i^{\mathrm{Avg,1min}}$ ——i 区系统控制偏差（ACE）的 1min 平均值；

　　　　B_i ——控制区域 i 的频率响应系数。在满足上述不等式约束的情况下，可以保证本区域的频率质量满足 CPS1 考核标准。

CPS2 标准通过限制 ACE 的平均值来防止过大地偏离计划潮流，如式（5-4）所示：

$$|\Delta \mathrm{ACE}_i^{\mathrm{Avg,10min}}| \leqslant L_{10} \tag{5-4}$$

式中　$\Delta \mathrm{ACE}_i^{\mathrm{Avg,10min}}$ ——i 区 ACE 的 10min 平均值；

　　　　L_{10} ——10min ACE 偏差的限定值，可由式（5-5）根据历史运行数据进行计算：

$$L_{10} = 1.65\varepsilon_{10}\sqrt{(10B_i)(10B_{\mathrm{sys}})} \tag{5-5}$$

式中　B_{sys}——全系统应系数；

　　　ε_{10}——上一年度 10min 频率平均偏差的统计方差，可由式（5-6）进行计算：

$$\varepsilon_{10} = \sqrt{\frac{1}{n}\sum_{i=1}^{n}\left(\Delta f_i^{\text{Avg,10min}} - \frac{1}{n}\sum_{i=1}^{n}\Delta f_i^{\text{Avg,10min}}\right)^2} \tag{5-6}$$

式中　$\Delta f_i^{\text{Avg,10min}}$——$i$ 区系统频率偏差的 10min 均值。

5.2.2　电池储能系统调频辅助服务补偿办法

随着我国电力市场改革的进一步深入，电池储能系统通过市场手段通过提供调频辅助服务获取经济回报的产品种类进一步丰富，收益也进一步提升。电池储能系统凭借自身优异的爬坡响应技术特性和较低的系统启动、停止运行费用，在调频辅助服务市场中相对传统火电机组具有较强的技术优势。目前国家各部门针对储能系统发布了多项政策指导，鼓励进一步提升储能系统的商业化应用水平和引导产业化建设配套。发改能源〔2017〕1701 号《关于促进储能技术与产业发展的指导意见》提出了重点建设包括 10MW/100MWh 级超临界压缩空气储能系统、10MW/1000MJ 级飞轮储能阵列机组、100MW 级锂离子电池储能系统、大容量新型熔盐储热装置、应用于智能电网及分布式发电的超级电容电能质量调节系统等产业化发展目标。2016 年 6 月，国家能源局发布《关于促进电储能参与"三北"地区电力辅助服务补偿（市场）机制试点工作的通知》，首次给予电储能设施参与辅助服务的独立合法地位。这一通知提出，要促进发电侧和用户侧电储能设施参与调峰调频辅助服务。电储能设施既可以作为独立市场主体，也可以与发电机组联合参与调峰调频等辅助服务，进一步为电池储能系统通过电力市场提供调频辅助服务铺平了政策的道路。当前，电池储能系统主要通过参与调峰、调频、黑启动以及能量市场价格套利获取经济收益。表 5-1 给出了部分省市及地区辅助服务市场建设方案或市场交易规则中对于储能的定位以及部分省市的辅助服务交易品种。

表 5-1　电池储能系统可参与电力市场交易品种

地区	政策情况	市场化交易品种
东北	允许参与调峰	实时深度调峰、火电停机备用、可中断负荷调峰、电储能调峰、火电应急启停调峰、跨省调峰、黑启动
山西	在满足市场准入条件的情况下，自主参与辅助服务市场	调频、实时深度调峰、火电停机备用、火电应急启停调峰、日前日内跨省调峰、无功补偿、黑启动
山东	未将储能纳入市场主体	调峰
新疆	满足市场准入条件的情况下可提供调峰服务	实时深度调峰、备用、可中断负荷
广东	允许与发电企业（机组）联合参与调频市场	调频
福建	允许参与调峰	调峰、备用、可中断负荷

5.3 自动发电控制系统

5.3.1 自动发电控制系统概述

自动发电控制（AGC）系统是一套能够根据系统运行状态对发电机组进行实时控制的系统，实现对电力系统的二次频率控制和经济调度。AGC系统是一种集中控制构架，通过控制中心以及相配套的高速专用通信网络获取与其相连的各台发电机组运行状态并向这些发电机组发送运行控制指令。同时，考虑到电力网络在空间上的广阔分布，实际中通常采用分区协调控制的方法。各个控制区域间通过有限的几条重要联络线进行功率交换，各个区域内则按照所给出的运行计划保证有功功率波动在本区域内实现就地平衡。自动发电系统就是保证实现这一运行目标的一种电力系统集中控制架构。

5.3.2 自动发电系统架构

自动发电系统负责对大型发电机组运行状态进行实时监测并发送控制运行指令。具体而言，对于二次调频控制，AGC系统根据区域间联络线传输功率偏差和本地频率偏移计算出各个运行区域的运行偏差指标——区域控制偏差（Area Control Error，ACE）。随后根据ACE指标计算出各个发电机组的运行调节指令并送给各个发电机组进行执行。其典型的控制架构如图5-2所示。

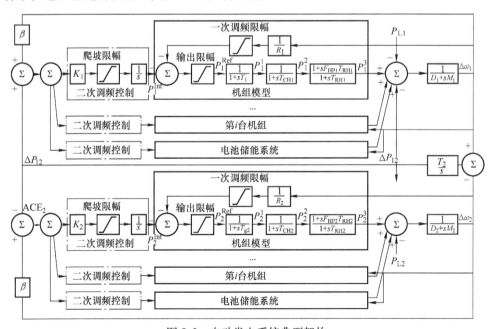

图5-2 自动发电系统典型架构

如图中所示，AGC 系统在计算发电机组的运行指令 P_i^{Int} 时需要考虑各个发电机组的爬坡能力，否则将会存在发电机组无法及时响应 AGC 系统运行指令的情况。其中每个区域内部可以存在着多台相互独立的发电机组同时对系统频率进行控制和调节。对于每个独立的频率控制区域而言，当区域内的频率偏差超过设定的死区阈值（通常为 $\pm 0.02\text{Hz}$ 或 $\pm 0.033\text{Hz}$）时，各台机组的一次调频系统将立即控制发电机组的输出功率进行响应。如图 5-2 所示的发电机组模型中带有 $\dfrac{1}{R_i}$ 的控制回路。

如果单一控制区域内有多台机组，则它们将共同分担本区域内的区域控制误差。它们的输出功率叠加在整个控制区域的频率特性模型入口处。同时，存在多台机组并且频率偏差超出设定死区的上限时，各台机组同时按照频率偏差共同进行一次调频响应，系统的一次调频能力也将得到增强。

当控制区域内存在着电池储能系统时，在 AGC 系统中电池储能系统也将被视为发电机组进行统一调度和控制。考虑到电池储能系统与传统发电机组在运行模型和爬坡能力上的巨大差异，AGC 系统需要针对电池储能系统开发有针对性的控制策略，充分发挥电池储能系统的技术潜力。

其中电池储能系统实现一次调频的控制特性可以沿袭传统发电机组的控制器结构，即通过采集本地频率偏移信号，经过比例处理后生成控制指令，叠加于二次调频控制指令之上，实现对区域一次调频能力的加强。考虑到电池储能系统启动和输出功率调整费用较传统火力发电机组已大幅降低，可以通过降低一次调频死区设定阈值、增加一次调频输出功率限幅范围以及增加一次调频比例控制器比例反馈环节设定系数 $\dfrac{1}{R_i}$。增强电池储能系统的一次调频能力，提升电池储能系统所在区域的一次调频响应能力。

考虑到 AGC 系统中二次频率调节响应时间较一次调频大幅上升，且二次调频所消耗的能量容量大幅增加，因此传统适用于火电机组的 PI 调节器在某些情况下已无法充分发挥电池储能系统的技术优势，因此建立适用于电池储能系统的 AGC 二次频率控制器构架是未来提升电池储能系统参与频率控制辅助服务的重要研究领域。本章后续章节也将对此进行详细介绍和分析。

5.4 电池储能调频技术优势

5.4.1 电池储能系统的技术特点

电池储能系统中的储能本体单元通过电化学反应完成电能的存储与释放过程，这一过程中不涉及物理系统的机械运动。与之相对的，传统发电机组调整输出功率时，旋转部件由于加减速度会施加相应的机械向心力于发电机组的旋转机械主轴上。同时，机组主轴由于机械强度的限制会导致发电机组的输出功率变化速率不能高于一定的阈值。因此，电池储能系统的输出功率具备在短时间实现大幅度、快速调整的技术可能。

如图 5-3 所示，电池储能系统的运行受到了较为有限的能量容量限制。现有的电池储能系统单系统还无法达到百兆瓦级的运行功率和 1 天级别的持续运行时间能力。有限的能量容量导致了电池储能系统无法对现有电力系统的能量平衡运行方式产生变革性的影响。同时，电池储能系统与现有使用化石燃料的大型发电机在数学模型上存在着巨大的差异。考虑到化石燃料相比电池储能系统巨大的能量密度，传统基于化石燃料的大型发电机组在一天到数天的时间尺度上一般不会受到可用燃料数量的运行约束。但电池储能系统受限于有限的能量容量，一般连续运行时间最长能够达到数个小时的时间尺度。因此，电池储能系统的运行相比传统化石燃料发电机组增加了可用能量限制这一全新的运行维度。目前电池储能系统的主要应用领域是在现有的电力系统运行框架下进一步提升系统的运行性能。

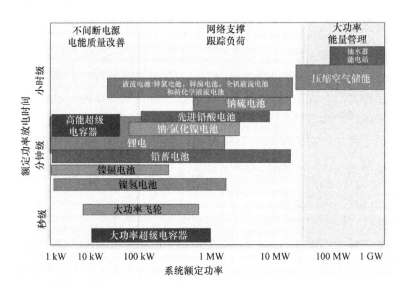

图 5-3　主流能量存储技术能量及功率容量

因此需要针对电池储能系统有限的能量容量，充分发挥其输出功率能够快速调节的技术优势，开发相应的电池储能系统控制策略配合现有大型传统火电机组，提升电力系统的频率控制质量。

5.4.2　电池储能系统物理模型

为了控制电池储能系统有效提升目前电力系统的运行质量，进一步研究和建立电池储能系统的通用数学模型是建立先进电池储能系统的重要技术基础。本节将针对电池储能系统的不同运行环境，对多种电池储能系统的数学模型进行详细的介绍和分析，并讨论不同种类数学模型的不同适用环境和具体应用。

电池储能调频系统主要包括电池本体、功率变换系统以及调频服务控制器等主要子系统。其中电池本体负责电能的存储与释放；功率变换系统负责在电池的直流输出与交流电网间完成功率的双向传输变换；调频服务控制器负责生成电池储能系统的具体调频服务控制运行信号。典型的电池储能系统的各个部分可由图5-4描述，具体包括储能单元本体，DC/DC 电压变换模块以及 DC/AC 变流器模块。对于多组串联的高压电池结构也可省略 DC/DC 电压变化模块电池储能单元本体直接通过 DC/AC 变流器模块与电网相连。

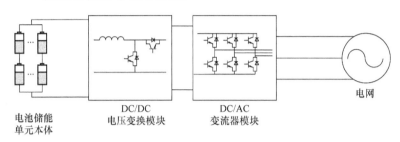

图 5-4 典型电池储能系统构成架构

1. 电池储能理想模型

电池储能系统的理想能量容量模型可由式（5-7）确定的一个一阶系统进行描述，即

$$\mathrm{SOC}_{i+1} = \mathrm{SOC}_i - P_i^{\mathrm{Bat}} \tag{5-7}$$

式中　SOC_i 和 SOC_{i+1}——分别为电池储能系统在 i 和 $i+1$ 时刻的系统可用容量，以百分数形式进行表示；

$\quad\quad\quad P_i^{\mathrm{Bat}}$——电池储能系统在 i 时刻的输出功率，以放电功率为正方向。电池储能系统的可用能量容量仅由输出功率影响，并且不考虑充放电过程中产生的能量损耗。

2. 考虑充电功率损耗的储能容量计算模型

当考虑充放电过程中的能量损耗时，原有的电池储能系统能量容量模型可以由式（5-8）进行描述：

$$\mathrm{SOC}_{i+1} = \mathrm{SOC}_i + \eta_{\mathrm{Ch}} P_{\mathrm{Ch}i}^{\mathrm{Bat}} - P_{\mathrm{Dis},i}^{\mathrm{Bat}}/\eta_{\mathrm{Dis}} \tag{5-8}$$

式中　η_{Ch} 和 η_{Dis}——分别表示电池本体充电和放电过程中的运行效率，取值范围介于 0 至 100% 之间。

与上面的电池储能系统理想模型相比，电池本体的充放电功率被分离充电功率和放电功率，分别由 $P_{\mathrm{Ch},i}^{\mathrm{Bat}}$ 和 $P_{\mathrm{Dis},i}^{\mathrm{Bat}}$ 表示，均为非负变量。这样电池的能量容量模型可以进一步考虑充放电过程中功率损耗对电池可用能量容量估算的影响。与此同时，通过进一步细化充电功率的运行方向，可以分别对充电和放电过程中的功率损耗进行计算和考虑。充电过程中的功率损耗会导致电池本体得到的充电功率小于全系统与电网间传送的充电功率，因此在计算电池储能系统的可用能量变化时需要将充电功率乘以相对应的充电效率用于计算电池储能系统在下一控制时刻的可用能量容量。反之，对于放电过程，从电池储能元件本体释放出的电能在考虑各个部件运行损耗的情况下应大于最终输送到电网中的实际能量。因此在计算电池储能系统可用容量时，需要将注入电网中的放电功率除以对应的放电效率。

3. 电池储能元件动态模型

大部分种类的电池本体元件在充放电过程中都会存在着一定的动态特性，即电池本体的可用能量在结束充放电过程后会随时间的推移出现一定的变化。尤其是在大功率运行的情况下这种效应更为明显。考虑到当前电池储能系统的建造成本仍然较高，因此充分利用电池储能系统的可用能量容量将有效提升电池储能系统的经济性。为此，下面将主要介绍考虑电池储能元件本体的运行动态特性，以便在电池储能系统运行过程中更加准确地对电池储能系统的可用能量容量进行评估计算。

为了考虑电池储能系统可用能量容量的运行动态特性，有学者提出可以将理想模型中的电池系统能量容量分为两部分进行建模。这两部分可用容量可以使用图 5-5 描述的容器系统进行类比说明。

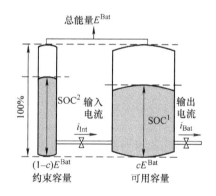

图 5-5 中将电池储能系统的能量容量表示为两个相互独立的容器。每个容器中储存的液体代表了各自存储的可用容量，而各容器的液体水位表征了电池储能系统的 SOC。其中右侧的容器存在着两个管道分别与外界和左侧的容器相连接。与外界相连接的管道

图 5-5 电池储能系统动态等效模型

代表了储能系统与电网间的能量交换，与左侧容器的管道代表了储能系统内部的能量交换，用于对储能系统的能量动态过程进行建模。左侧的容器仅通过管道与右侧的容器交换能量，无法直接与外界产生直接联系。两个容器间的能量交换功率大小由两个容器间的能量水平之差决定，即

$$P_i^{\text{Int}} = k^{\text{ic}}\left(\text{SOC}_i^2 - \text{SOC}_i^1\right) \tag{5-9}$$

式中　　　P_i^{Int}——电池储能系统两部分可用容量间的交换功率；

SOC_i^1 和 SOC_i^2——分别表示两部分能量容量中各自的剩余可用能量水平；

k^{ic}——交换功率与可用能量水平差值之间的线性系数。

进一步地，各个容器中所代表的可用能量水平（SOC）可由式（5-10）、式

（5-11）进行计算评估：

$$\text{SOC}_{i+1}^1 = \text{SOC}_i^1 + \frac{k^{\text{ic}}(\text{SOC}_i^2 - \text{SOC}_i^1) - P_i^{\text{Bat}}}{cE^{\text{Bat}}} \tag{5-10}$$

$$\text{SOC}_{i+1}^2 = \text{SOC}_i^2 - \frac{k^{\text{ic}}(\text{SOC}_i^2 - \text{SOC}_i^1)}{(1-c)E^{\text{Bat}}} \tag{5-11}$$

式中　E^{Bat}——电池储能系统的整体容量容量；

　　　c——右侧可与外界直接交换能量部分的能量容量，取值范围为 $0 \sim 1$ 之间。

进一步地，将可用能量容量分为两部分表示的电池储能系统动态模型可以由式（5-12）系统状态方程进行描述：

$$\dot{\boldsymbol{x}}(t) = \begin{bmatrix} \dfrac{-k_i^{\text{ic}}}{c_i E_i^{\text{Bat}}} & \dfrac{k_i^{\text{ic}}}{c_i E_i^{\text{Bat}}} \\[3mm] \dfrac{k_i^{\text{ic}}}{(1-c_i)E_i^{\text{Bat}}} & \dfrac{-k_i^{\text{ic}}}{(1-c_i)E_i^{\text{Bat}}} \end{bmatrix} \boldsymbol{x}(t) + \begin{bmatrix} -\dfrac{1}{c_i E_i^{\text{Bat}}} \\[3mm] 0 \end{bmatrix} \boldsymbol{u}(t) \tag{5-12}$$

式中，$\boldsymbol{x}(t) = [\text{SOC}^1(t)\,\text{SOC}^2(t)]$，$\boldsymbol{u}(t) = P^{\text{Bat}}$。

由此，考虑电池储能系统的能量容量动态效应的系统动态模型可由上式进行描述。上述电池储能系统的动态模型可以进一步与先进优化控制器相结合，用以量化计算电池储能系统在未来指定时刻的可用剩余能量（SOC）水平，以便实现最大化电池储能系统技术效用的目标。

4. 电池储能能量变换系统模型

考虑到目前 DC/AC 变流器可以通过解耦控制，实现电池储能系统的输出有功功率和无功功率解耦控制。因此由 DC/DC 和 DC/AC 部件构成的功率变换系统（Power Conversion System，PCS）系统数学模型可由一个 1 阶惯性系统进行数学建模，如图 5-6 所示。

图 5-6　电池储能系统 PCS 等效模型

图中 $P_i^{\text{Set,BESS}}$ 和 $P_i^{\text{Act,BESS}}$ 分别为第 i 个电池储能 PCS 系统中的运行参考指令和实际输出功率。图 5-6 中的传递函数可由式（5-13）的系统状态方程进行表述，即

$$\dot{\boldsymbol{x}}(t) = \frac{-1}{T_i^{\text{BESS}}} \boldsymbol{x}(t) + \frac{1}{T_i^{\text{BESS}}} \boldsymbol{u}(t) \tag{5-13}$$

其中系统状态变量 $\boldsymbol{x}(t) = P_i^{\text{Set,BESS}}(t)$ 和输入变量 $\boldsymbol{u}(t) = P_i^{\text{Act,BESS}}(t)$。电池储能系统 PCS 系统的动态过程可由上式进行描述。上述建立的 PCS 系统动态模型可以考虑 PCS 系统控制指令与系统实际输出之间的时间延迟效应。

5.5 电池储能调频控制方法

考虑到电池储能系统所独有的可用能量约束，及电池储能系统参与系统频率控制的控制运行策略与现有的火电机组相比存在的较大差异，本节将主要针对经典 PI 控制器和现代模型预测控制器对电池储能系统的频率控制策略进行介绍和分析。

5.5.1 基于 PI 控制器的电池储能系统控制策略

类似于传统火力发电机组的经典 PI 控制器架构，控制器的架构也可适用于控制电池储能系统辅助电力系统频率控制。具体的控制器架构如图 5-7 所示。

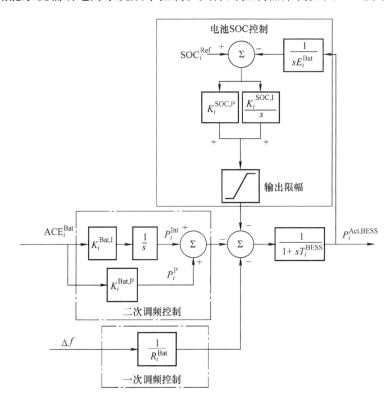

图 5-7　电池储能系统 PI 调频控制器

如图 5-7 所示，电池储能系统 PI 控制器包括三部分：一次调频控制、二次调频控制以及电池 SOC 控制。其中一次调频控制与二次调频控制器结构与传统火力发电机组相类似，去除了爬坡速率限幅以及一次调频输出限幅等考虑火力发电机组物理运行限制的限幅及饱和环节，二次调频控制器增加了比例环节用于提升电池储能系统的二次频率控制动态性能。此外，考虑到电池储能系统的有限能量容量，建立了电池 SOC 控制回路，用于使用较小的充放电电流调节电池储能系统的 SOC 水平，提升电池储能系统参与系统频率控制的技术效用。

具体而言，电池储能系统的一次调频环节通过比例环节，根据本地测量获得的系统频率偏移量和设置好的一次调频比例系数 $1/R_i^{Bat}$ 计算电池储能系统一次调频控制器的输出功率。二次调频环节类似于传统火电机组，但是在纯积分控制器的基础上增加了比例控制环节（如图 5-7 中的 $K_i^{Bat,P}$），用于增强电池储能控制器的动态响应性能。

电池储能系统 PI 控制单元与传统火电机组相比，最大的区别在于电池储能系统所独有的 SOC 控制环节。设置这一控制单元的主要目的是在电池储能系统输出能力有运行裕量的情况下对自身的 SOC 进行调节，使得电池储能系统的运行状态尽量能够满足长时间提供有效的调频服务。在通常情况下，电池储能系统的长期 SOC 控制目标 SOC_i^{Ref} 会被设定在 50% 的水平，以便能够最大化系统向上和向下的调频运行空间及能力。同时，基于对未来系统运行环境的预先判断，也可以改变 SOC_i^{Ref} 的预先设定值增强系统向上或向下的调频运行空间以适应电网在未来时段内的运行需求。

5.5.2 基于模型预测控制方法的电池储能系统调频控制策略

考虑到 PI 控制器的运行参数设定相对固定而且 PI 控制器是一种滞后控制的手段，因此无法完全发挥电池储能系统快速响应的运行特点和电力系统快速频率调节的运行需求。模型预测控制器的这种运行控制机制使得控制器能够根据系统在未来有限一段时间内的响应来决策下一个控制时刻的最优控制信号。这一特性适用于电池储能系统需要在未来一段运行时间内考虑电池储能系统的能量容量约束的运行需求。因此本小节将针对电池储能系统的模型预测控制系统进行详细介绍和说明。

对于一般化的模型预测控制器，其具备二次标准形式目标函数可由式（5-14）、式（5-15）进行表达，即

$$\min J = \sum_{i=1}^{N} \omega_i (x_i - r_i)^2 + \sigma_i (u_i - \tau_i)^2 \tag{5-14}$$

$$\begin{cases} x_{i+1} = \boldsymbol{A} x_i + \boldsymbol{B} u_i \\ x_i \in X \\ u_i \in U \end{cases} \tag{5-15}$$

式中　x_i——状态变量矢量在时刻 i 的取值；

r_i——状态变量矢量在时刻 i 的运行参考矢量取值；

u_i——输入变量矢量在时刻 i 的取值；

τ_i——输入变量矢量在时刻 i 的运行参考矢量取值；

ω_i 及 σ_i——目标函数中状态变量偏移以及控制变量偏移对应的成本费用函数;

矩阵 A 及 B 用于描述模型预测控制器对应的系统动态模型;

X 及 U——系统状态变量及输入变量的可行运行区域;

N——模型预测控制器的计算长度。

模型预测控制器通过引入由矩阵 A 和 B 表征的系统动态模型,可以计算在任意给定的系统输入矢量 u_i 作用下系统在 $i+1$ 至 N 时刻的运行状态,即 x_{i+1} 至 x_N 的取值。基于线性系统的可叠加性质,模型预测控制器对于任意给定的系统输入矢量时间序列 $[u_0, u_1, \cdots, u_{N-1}, u_N]$ 都可以计算系统自当前时刻起至未来时刻 N 之间的系统状态变量响应矢量时间序列 $[x_0, x_1, \cdots, x_{N-1}, x_N]$。更进一步,模型预测控制器可以根据所建立的目标函数,通过最小化目标函数取值,获取系统在未来的最佳输入矢量时间序列 $[u_0^*, u_1^*, \cdots, u_{N-1}^*, u_N^*]$。最终通过在下一个控制时刻施加 u_1^* 于系统,获取最优的控制效果。

考虑到电池储能系统的技术特点和电网频率控制的实际需求,所对应的模型预测控制器目标函数可以设定为式(5-16)的形式:

$$\min J = \sum_{\tau=1}^{\tau} \left(w_{f,\tau} \Delta f(\tau)^2 + \sum_{i=1}^{N_{\text{Bat}}} w_{\text{SOC},\tau,i} (\text{SOC}_i^{\text{Ref}}(\tau) - \text{SOC}_i)^2 + \right.$$
$$\left. \sum_{i=1}^{N_{\text{Bat}}} W_{\text{B},\tau,i} (P_i^{\text{Act,BESS}}(\tau) - P_i^{\text{Sch,BESS}}(\tau))^2 \right) \tag{5-16}$$

式中　τ——时间下标;

T——模型预测控制器的时间长度;

N_{Bat}——区域内电池储能系统的总套数;

$\Delta f(\tau)$——储能系统本地测量获取的频率偏差;

$P_i^{\text{Act,BESS}}$ 和 $P_i^{\text{Sch,BESS}}$——第 i 套电池储能系统的实际输出功率与计划运行功率;

$w_{f,\tau}$、$w_{\text{SOC},\tau,i}$ 和 $w_{\text{B},\tau,i}$——频率偏差、SOC 偏差和计划功率偏差的目标权重系数。

目标函数中通过设置 $w_{f,\tau} \Delta f(\tau)^2$ 项即可通过最小化目标函数值而最小化系统频率在未来控制窗口内的频率偏移量。设置 $w_{\text{SOC},\tau,i} (\text{SOC}_i^{\text{Ref}}(\tau) - \text{SOC}_i)^2$ 项的目的与 PI 控制器相类似,用于调节电池储能系统 SOC 水平以便系统能够满足长时间连续提供调频服务的运行需求。设置第三项 $(P_i^{\text{Act,BESS}}(\tau) - P_i^{\text{Sch,BESS}}(\tau))^2$ 的目的在于评估电池储能系统实际输出功率偏移计划功率所需要支付的经济代价。用于协调电池储能系统偏移计划输出参与频率调节以及 SOC 调节的运行强度。还应注意到,$w_{f,\tau}$、$w_{\text{SOC},\tau,i}$ 和 $w_{\text{B},\tau,i}$ 三组权重系数均可以根据不同的控制时刻设置不同的权重。这样做的目的是考虑到系统运行的不确定性,可以为接近当前控制时刻的控制结果设置较高的权重系数,为距离当前控制时刻较远的控制结果设置较低的权重系统。

根据模型预测控制器的运行机理可以看出，模型预测控制器实现的 SOC 控制机制相较 PI 控制器更为灵活高效。PI 控制器实现的 SOC 控制器需要通过设置 SOC 的 PI 控制器参数以及 SOC 控制器输出功率限幅值与一次、二次频率控制器相配合，防止 SOC 控制输出过于大影响电池储能系统的运行性能。模型预测控制器通过最小化目标函数值来获得最优的控制变量，因此在实际运行时其能够更好地协调频率控制质量与电池储能系统自身 SOC 状态的相互平衡，在不降低频率控制质量的前提下最大化电池储能系统的运行裕量。

基于上述介绍的模型预测控制器目标函数的具体构成形式，配合本章 5.4 节中介绍的电池储能系统动态模型，就可以初步构建简单的模型预测控制器，实现电池储能系统参与系统频率调节、调节自身运行状态等多运行目标的协调优化。

5.6 电池储能调频回报分析

电池储能系统的运行经济性是除电池储能系统的技术性能外决定其是否能够成功应用于为电力系统提供调频服务的重要考量因素。根据各国不同的电力系统运行机制，主要可以分为市场运行环境和非市场运行环境。在市场运行环境下，电池储能系统可以通过在电力市场中向不同类型的服务产品竞标的方式获得相应的经济回报。在非市场环境下，电池储能系统可以凭借自身的技术优势，根据一定的运行规则获取相应的经济回报。本节将主要针对电池储能系统提供调频服务的经济回报进行详细分析和介绍。

5.6.1 电池储能系统在电力市场环境下获取收益途径

以美国为例，目前电池储能系统可以基于电力市场环境，通过参与市场报价获取提供调频服务的经济回报。储能系统可以通过参与能量市场、调频产品、旋转备用产品、非旋转备用产品以及黑启动产品获取经济收益。通常而言，调频产品的价格高于旋转备用产品，旋转备用产品的价格高于非旋转备用产品。

对于能量市场，储能系统可以基于日前和实时能量市场中一天内不同时刻存在的价格差异，以及日前能量市场和实时能量市场在相同时间段内存在的价格差异进行价格套利。前者比较容易理解，即利用日内负荷曲线的峰谷差异导致的价格差异，采取低谷时段充电、高峰时刻放电的运行策略获取收益。如果进一步考虑日前市场和实时能量市场的价格差异，在实际运行中，储能系统可以根据自身实际剩余可用容量水平和当前系统发用电平衡情况，进一步决策当前是否进行额外的充放电操作，从而获取额外收益。考虑上述情况，电池储能系统所能够获取收益的大小涉及系统峰谷电价差异、电池储能系统运行效率以及能量市场价格套利控制策略的影响。

　　针对辅助服务市场，系统调频服务商可以通过参与调频产品、旋转备用产品、非旋转备用产品以及黑启动产品基于所提供的容量大小获取容量收益。具体到调频产品，在美国电力市场早期阶段，系统调频服务商只能通过调频服务容量市场获取经济回报。调频服务容量市场是指决定调频服务提供商所分配得到的调频容量的市场机制。电网独立运行商（ISO）根据系统运行规则和所有服务商的报价，决定各个调频服务提供者所被选定提供的调频服务容量。在随后的实际运行中，即使调频服务商并没有实际提供调频服务，也可以按照之前被选中的容量数目获得相应的调频服务回报。为了准确计算调频服务提供者提供的有效调频容量，还要考虑其能够获得确认的具体调频容量还会受到 5min 内爬坡能力的限制。例如，一台 300MW 容量的发电机组，具有 100MW 的运行裕量，爬坡能力为 10MW/min，其参与调频容量市场的上限为运行裕量和 5min 爬升容量的较小值，即 50MW。此外，当调频服务商在实际提供调频服务时，往往伴随着调频服务提供商和电网之间一定的能量交换。这部分能量交换一般需要按照当时的电力市场实时能量价格进行结算。

　　目前，随着美国日益重视以电池储能系统为代表的快速调频响应资源，系统调频服务商可以从市场上获取除容量收益外的运行表现收益，使原有的单一容量收益增加为两部分收益。这类运行表现收益以运行里程收益为代表，对于提升以电池储能系统为代表的高性能调频服务者的经济回报具有重要的意义。这一指标首先由美国新英格兰 ISO 所提出。除美国外，英国目前也通过基于调频服务响应速度对调频服务商进行划分以提升电网运行质量和提升高性能调频服务商的经济收益。

5.6.2　电池储能系统参与调频服务回报分析

　　以美国为例，其调频收益包括容量收益和里程收益两部分，如式（5-17）所示：

$$R^{\text{total}} = R^{\text{cap}} + R^{\text{mil}} \tag{5-17}$$

式中　R^{total}——电池储能系统获取的的全部调频服务收益；

　　　　R^{cap}——电池储能系统获取的调频容量收益；

　　　　R^{mil}——电池储能系统获取的调频里程收益。其中调频里程的计算方法是统
　　　　　　　计调频系统输出功率的累计绝对变化量，即（5-18）所示：

$$S^{\text{mil}} = \sum_{k=1}^{T-1} \left| P_{k+1}^{\text{fr}} - P_k^{\text{fr}} \right| \tag{5-18}$$

式中　k——运行时刻；

　　　　T——统计总时长；

　　　　S^{mil}——调频里程总量；

　　　　P_k^{fr}——k 时刻的调频输出功率。

考虑到调频服务是需要调频服务提供者改变其自身输出功率以满足平衡系统发用功率平衡的目的，调频里程的这一计算方式可以量化反映调频服务提供者提供调频服务的总量。

此外，美国新英格兰 ISO 还首先应用了运行表现因子考核调频服务商的调频质量。调频服务商所能获取的调频收益需要在额定值上乘以相应的性能考核因子即

$$R^{\text{total}} = R^{\text{cap}} \times Q^{\text{cap}} + R^{\text{mil}} \times Q^{\text{mil}} \tag{5-19}$$

式中 Q^{cap} 和 Q^{mil}——所提供调频服务的性能考核因子，取值范围为 0 ~ 1。性能考核因子主要针对调频服务商响应调频输出功率指令的精度和响应时间方面进行考核。

在具体调频产品方面，美国各个独立运营商（ISO）存在着一定的差异。美国东部地区最大的电力独立运行商 PJM 定义的与调频相关的辅助服务包括调频、旋转备用和非旋转备用。其中，调频和备用辅助服务均是通过市场化竞标的方式确定价格和服务提供方。调频辅助服务按照服务提供方的响应时间及运行性能分为了 RegA 和 RegD 两种。对于任意的区域调频指令，PJM 将其分解为 RegA 和 RegD 两部分，其中 RegA 部分可以认为更加适合受爬坡能力约束的传统火电机组承担；RegD 部分更加适合不受爬坡能力约束的电池储能系统承担。需要注意的是，当 PJM 的调频控制器认为电池储能系统的剩余能量无法在某个调度周期内完全响应其控制指令时，那么其 RegD 部分的调频工作量将被降为 0。通常情况下参与 RegD 部分的调频服务将能够获得最大的经济收益。由此，电池储能系统 SOC 控制单元需要确保电池储能系统始终具有适当的剩余能量水平用于支撑其提供向上和向下的调频服务。SOC 控制单元的运行性能将直接影响到全系统的运行收入水平。

美国加利福尼亚州的 CAISO 有类似 PJM 的产品分类但细节上与 PJM 有一定差别，其规定中定义了向上调频产品、向下调频产品、旋转备用产品以及非旋转备用产品等四类与电池储能系统相关的辅助服务产品。具体的产品价格和服务提供商通过报价系统进行计算和选定。此外，CAISO 还根据未来时段的负荷预测结果确定系统所需的向上和向下爬坡容量。但此类产品的价格和服务提供商不是通过报价系统进行选定，而是被当作系统约束在其计算程序中加以考虑。

美国 MISO 考核调频服务商的调频里程计算方法有其自身的特点。首先 MISO 根据调频服务商的历史运行数据确定其单位输出功率的调频里程因子 c^{mil}，随后根据调频服务商被选中的调频容量 P^{fr} 计算其预计的调频工作量 $P^{\text{fr}} \times c^{\text{mil}}$。之后在系统实际运行后，根据调频服务商的表现调整其最终的调频工作量 $P^{\text{fr}} \times c^{\text{mil}} - M^{\text{adj}}$。当实际调频里程小于其预计的调频里程时，通过 M^{adj} 将其调整为实际里程。当其实际调频里程大于预期调频里程时，会将增加其调频里程。但如果实际调频输出与调频指令相反，MISO 将会考核其工作量为负，这一规定与 CAISO 中考核为 0 的结果有一定差异。

5.7 小结

　　本章对使用电池储能系统参与电网频率控制的背景、方法以及经济回报均进行了深入的探讨。通过介绍电池储能系统的物理结构和数学模型，展示了电池储能系统在快速响应能力方面的系统特性和技术优势。同时，还介绍了电力系统AGC的控制系统架构和各类运行单元的数学模型。在 AGC 运行环境下介绍了电池储能系统提供调频服务的运行策略。基于模型预测控制方法的运行原理，详细描述了模型预测控制器实现电池储能系统参与系统频率控制的具体方法和详细设计过程，探讨了电池储能系统的多种建模方法和相对应的物理问题。最后，通过结合电力市场运行环境和非电力市场运行环境，探讨了电池储能系统获取经济回报的具体方法和可能路径。

第6章 电池储能系统调频典型设计方法

传统调频机组在一次、二次调频中有着各自难以克服的缺点，为了提高电网频率品质，应探讨将新的调频手段（储能系统）应用于电力系统中参与电网的一次、二次调频。现就某调频电厂中的某一台200MW火电机组用电池储能系统来替代，对替代后的一次、二次调频回路、协联策略和应用方案进行设计。

6.1 进行方案设计的背景与意义

频率波动是发电和负荷需求不匹配造成的，调频的目标是让发电出力跟随负荷需求波动来调节。调频分为一次调频、二次调频和三次调频。在维护电网安全中起着主要作用的是一次调频和二次调频。

一次调频是电网中快速的小的负荷变化需发电机控制系统在不改变负荷设定点的情况下监测到转速的变化，改变发电机功率，适应电网负荷的随机变动，保证电网频率稳定。

二次调频通过AGC实现。AGC是通过修改有功出力给定来控制发电机有功出力，从而在宏观上跟踪电力系统负荷变化、维持电网频率在额定值附近并满足互联电力系统间按计划要求交换功率的一种控制技术。

从电网安全及区域功率、频率控制角度考虑，一次、二次调频都非常重要，缺一不可。一方面，当系统出现异常的情况时，需要一次调频的快速支持，能够维持系统的稳定；另一方面，由于目前电网结构较为复杂，潮流控制要求的精度高，这样电网更需要二次调频功能的支持，进行无差调节，使电网关键潮流点的频率和功率满足要求。

目前，一次、二次调频均存在着一些难以克服的、影响着电网频率的安全及品质的缺点，具体如下：

1）由于目前各区域一次调频是一种无偿行为，加之没有准确、有效的一次调频性能评价标准，实际运行中一些电厂为了减少机组磨损而自行闭锁一次调频功能的状况普遍存在，使得系统和各区域的一次调频能力并不能保证时刻都真正发挥作用。

2）事故发生时，存在机组一次调频量明显不足，甚至远未达到一次调频调节量理论值的问题，不利于频率的稳定和恢复。

3）国内进行二次调频的机组主要是火电机组，而火电机组的响应时滞长，不适合参与更短周期的调频。若电网机组的一次调频量不足，参与二次调频的火电机组响应跟不上，电网频率则面临着崩溃的风险。

因此，需要探索一种安全而又快速的新的调频手段来对传统的一次、二次调频手段进行辅助。

大规模电池储能系统应用于电网，辅助传统调频技术手段来调频是一个新的研究方向，其可行性逐步被业界认同。最近几年，日本、美国、欧洲及中东地区的一些国家正在大力推广和应用先进的大容量电池储能技术，通过与自动发电控制系统的有效结合，维护电力系统的频率稳定性。

6.2　设计思想与原则

传统一次调频是机组直接接收电网频率的偏差信号，通过改变机组的实际负荷，达到稳定电网频率的目的。二次调频是调度根据电网频差以负荷指令的形式分配给机组的调频方式。

应用储能系统进行一次调频是储能系统直接接收电网频率的偏差信号，通过改变储能系统中电池的功率输出，来稳定电网频率。参与二次调频则是储能系统接收调度所下发的负荷指令，并进行跟踪。

此应用方案设计遵循的原则是快速、安全与可靠等。

1）快速：一次调频的目的在于快速消除电网小幅度的负荷扰动，改善其瞬态品质。当传统调频机组的一次调频量不够时，储能系统能快速地发出或吸收功率，维护电网的有功平衡。当一次调频结束，参与二次调频的火电机组响应速度慢而导致二次调频容量欠缺时，储能系统也能在此时快速地参与对电网频率的调整。

2）安全：由于参与调频时需要持续的输出功率，会引起电池 SOC 的大幅变化，所以为保证储能系统电池的 SOC 在规定的范围内，不至过充或过放，因此，应对电池的 SOC 变化进行实时的监测与控制。此外，调频结束后，在不越过电网频率一次调频死区的情况下，将电池的 SOC 调整到最佳的水平，为下一次的调频做好准备。

3）可靠：储能系统的容量满足所替代机组具备的频率上调与频率下调时所需容量的要求，随时都能可靠地提供容量。

4）储能系统对电网进行一次调频与二次调频的控制沿袭火电机组的控制方式，只是进行适当的修改，即一次调频仍采取就地控制的方式，二次调频采取接收调度下发的 AGC 控制指令的方式。因为采取就地控制的方式才更能充分发挥一次调频反应迅速的优点，而调度 AGC 的调节则是对电网中功率进行宏观调控不可或缺的手段。

6.3　电池储能系统调频的原理

6.3.1　储能系统一次调频的原理

当系统由于负荷等发生变化，引起系统频率发生变化时，要求电网的有功功率变化量 ΔP_{G1} 与频率变化量 Δf 满足一定的特性关系，即功率的变化量能补偿频率的变化量。电网的有功功率变化可以是改变发电机的出力，也可以是利用其他设备诸如储能系统的充放电来调节电网功率。当系统频率下降时，储能系统放电，释放电能于电网，使电网的有功功率上升；当系统频率上升时，储能系统充电，从电网吸收电能，使电网的有功功率下降，这就是储能系统的一次调频。

6.3.2 储能系统二次调频的原理

储能系统二次调频的有功功率变化量 ΔP_{G2} 是在调度控制方式下由调度自动发电控制（AGC）通过计算机监控系统自动给定的。当给定功率发生变化时，储能系统应通过下位机向储能系统的功率与容量控制系统发送调功指令，发出或吸收调度所指定的有功功率，以完成二次调频的有功功率变化。

6.4 方案设计

某火电厂的一台 200MW 的机组参与电网的一次、二次调频，应用电池储能系统替代此火电厂来完成调频的任务。

6.4.1 储能系统功率与容量的确定

机组一次调频的参数：机组的转速不等率为 4%、频差死区为 2r/min、频率调节范围 12r/min、负荷调节幅度 ±20.0MW。即由额定转速阶跃至 (3000 ± 12) r/min 对应 $\pm 10\% P_e$ 的负荷变化幅度，一次调频响应之后时间为 5s，一次调频稳定时间为 40s。

机组二次调频的参数为

1）机组投入 AGC 功能时，目标负荷调节响应时间应小于 30s（从调度中心侧命令发出至调度中心监视到命令完成的时间），二次调频持续时间至频率波动的 3min。

2）机组 AGC 功率调节范围 $50\% P_e \sim 100\% P_e$。

3）机组 AGC 每分钟功率变化率不得低于额定功率的 1.0%。

6.4.1.1 一次调频所需功率与容量确定

为了避免电池系统频繁动作，对频差死区的规定参考火电机组，设定频率偏差死区为 $\Delta f_{SQ} = \pm 0.033 Hz$（更为合理的值在投入试验中可进行不断的修正得到）。

当越过频率偏差死区以后，一次调频动作，由此火电机组的负荷变化限幅 $\pm 10\% P_e$ 可得，替代此机组进行一次调频的电池储能系统所需功率为

$$P = 火电机组的负荷变化限幅 = 10\% P_e = 20MW$$
$$P = 10\% P_e = 0.1 \times 200MW = 20MW$$

设所需容量为 Q，因为电池储能系统工况特性要求，避免进行深充深放，且需要保证调频的可靠性，因此电池储能系统所应配备的容量等级为

$$Q = 2Pt + SOC_{下限幅} + SOC_{上限幅}$$

要求一次调频稳定时间为 40s，设电池所规定的 SOC 上下限要求分别为 ±10% SOC，那么可求储能系统所需容量为

$$Q = \frac{2 \times 20 \times 40}{3600} + 10\% Q + 10\% Q$$

解方程，可得 $Q = 0.556 \text{MWh}$。

6.4.1.2 二次调频所需功率与容量确定

火电机组 AGC 功率调节范围为 $50\% P_e \sim 100\% P_e$，要求机组 AGC 每分钟功率变化率不得低于额定功率的 1.0%，而火电机组每分钟功率变化率最高为额定功率的 3% 左右。此火电机组 3min 内可达到的 AGC 调节的最大功率为

$$P = P_{\max} = P_e \times 3\% \times 3 = 18 \text{MW}$$

电池储能系统替代此火电机组进行二次调频，储能系统所需功率为

$$P = P_{\max} = 18 \text{MW}$$

二次调频持续时间为 30s~3min，那么，电池储能系统所需容量为

$$Q = \frac{18 \times 2 \times (180 - 30)}{3600} + 10\% Q + 10\% Q$$

$$Q = 2Pt + 10\% Q + 10\% Q$$

解此方程，可得 $Q = 1.875 \text{MWh}$。

6.4.1.3 具备一次、二次调频能力的储能系统功率与容量的确定

用储能系统代替具有一次、二次调频能力的 200MW 火电机组进行调频，若储能系统具备一次调频和二次调频能力的话，则功率取一次、二次调频中所需的最大功率，即为一次调频的功率；容量的选取则假设此系统进行了一次调频后又接着投入二次调频，那么储能系统的容量为一次、二次调频所需的总和，则有

$$P_{\text{stor}} = \text{Max}(P_1, P_2) = 20 \text{MW}$$

$$Q_{\text{stor}} = Q_1 + Q_2 = 0.556 \text{MWh} + 1.875 \text{MWh} = 2.431 \text{MWh}$$

$$Q_{\text{stor}} = Q_1 + Q_2 = 2.431 \text{MWh}$$

所有与 200MW 火电机组具有同等调频能力的电池储能系统的功率与容量约为 20MW/2.5MWh。

6.4.1.4 储能系统与火电机组调频能力的比较

功率与容量分别为 20MW/2.5MWh 的储能系统拥有的一次、二次调频能力比 200MW 的火电机组的调频性能强，可靠性高，这主要是因为：

1) 以火电机组的负荷变化限幅 $\pm 10\% P_e$ 来计算电池储能系统一次调频时所需提供的最大功率，得出的功率值将大于火电机组在一次调频时实际能提供的功率值，因为火电机组的蓄热不一定能足够支持这个功率值，而电池储能系统在实际中也能输出这么大的功率值，那么计算出的电池储能系统实际也能提供的容量值也将大于 200MW 机组所能提供的容量值。

2）火电机组的爬坡速率为3%额定功率值，此火电机组在3min时才能达到最大的功率值18MW，而3min前火电机组能提供的功率值是小于18MW的，因此以2.5min内持续以18MW的功率输出计算出的二次调频容量将远大于火电机组实际所能输出二次调频容量值。

3）火电机组在一次调频时受炉内蓄热的影响，二次调频时受机组爬坡速率的影响，其功率值是波动的，实际的输出功率值是小于理论计算的最大功率值。而储能系统则能持续的以额定功率值输出。

因此，20MW/2.431MWh的电池储能系统所拥有的一次、二次调频能力将大于200MW的火电机组的调频能力。

如果想求得比较接近于200MW火电机组调频能力的电池储能系统，可在所求得的储能系统功率与容量值的基础上乘以一个小于1的系数。该系数可通过实际的试验不断地进行修正得到。

6.4.2 储能系统参与调频的控制策略设计

电池储能系统一次、二次调频的控制策略可在火电机组一次、二次调频控制策略的基础上进行适当的修改即可。

在一次调频中，火电机组控制系统捕获到越过死区后的频差信号后，调整发电机的调速系统，控制气门的大小，达到增加或减小功率的目的。电池储能系统则可在控制系统捕获到越过死区后的频差信号后，将频差换算成功率值，然后给储能系统的电池发功率与容量的指令。

在二次调频中，调度给机组下发AGC指令，火电机组自身的控制系统通过控制气门与锅炉，来达到改变功率输出的目的。电池储能系统则在收到调度下发的AGC指令后，通过控制功率与容量，来达到改变以及持续输出功率的目的。

6.4.2.1 一次调频控制策略

当系统负荷突增加（减小），电网中的发电机组功率不能及时变动而使机组减（增）速时，系统频率下降（升高）；电池储能系统的控制系统捕获到频差信号，就地将其换算成功率偏差信号，同时对电池储能系统的功率与容量进行运算，没有异常就下发功率与容量指令，使电池储能系统输出指定的功率。一次调频系统的结构框图如图6-1所示。

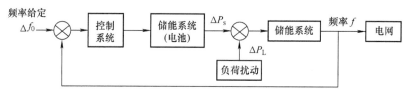

图6-1　一次调频系统结构框图

为了稳定电网，对电池储能系统应具备的一次调频要求为：储能系统具备一次调频功能，调节死区为频率偏差等于 0.033Hz，一次调频稳定时间为 30s，最大的一次调频出力为储能系统额定功率，储能系统的容量随时可满足频率上调和下调的需要。

6.4.2.2　二次调频控制策略

AGC 数据从电网调度实时控制系统（EMS）到储能系统的传输方式如图 6-2 所示。EMS 和储能系统的控制系统之间的数据传输需要通过光纤通信和远程测控单元（RTU）实现。

也就是说，该系统主要由三部分构成：一是 RTU 系统，负责与调度中心进行数据交换，获取调度中心的负荷指令，同时将储能系统的实时功率、容量上限、容量下限及储能系统的控制方式等信息传递给调度中心；二是储能控制系统，该系统将 RTU 系统送来的调度负荷指令依据储能系统的动态特性，按照控制策略形成储能系统的功率指令和容量指令；三是执行系统，储能系统的执行系统是储能系统的功率、容量、温度和电压等控制系统。储能系统的 AGC 控制策略如图 6-3 所示。

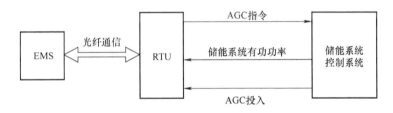

图 6-2　电网调度实时控制系统与储能控制系统的接口结构图

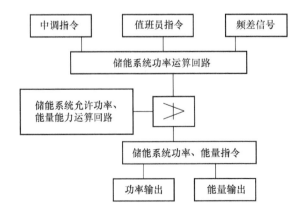

图 6-3　储能系统 AGC 控制策略简图

AGC 指令从 EMS 发出至电池储能系统的控制系统需要花费的时间有 EMS 控制

站的扫描周期；数据通信和 A - D、D - A 转换过程；储能控制系统数据扫描和处理周期；储能控制系统的控制指令运算；储能系统电池对负荷的响应过程；将储能系统有功功率送回 EMS 控制站的时间等。

为了稳定电网，对储能系统应具备的二次调频要求为

1）电池储能系统具备 AGC 功能，功率的投用范围为储能系统的额定功率，容量的投用范围为（10% ~90%）SOC。

2）电池储能系统的容量可随时满足所替代的 200MW 火电机组具备的频率上调与频率下调的容量需要。

3）电池储能系统必须实时送出储能系统 AGC 和一次调频功能投退状态信号。

6.4.2.3　一次、二次调频联调控制策略

储能系统在实现一次、二次调频功能的过程中，为了协调好一次调频与计算机监控系统二次调频的关系，提出的方案如下：

1）当系统频率超出（50 ±0.033）Hz 时，一次调频功能动作，电池储能控制系统输出"一次调频功能动作"信号，上送计算机监控系统。计算机监控系统收到此信号后闭锁该储能控制系统的 AGC 功能。

2）当一次调频持续 30s 后，一次调频退出，电池储能控制系统输出"一次调频功能退出"信号，上送计算机监控系统。计算机监控系统收到此信号后打开 AGC 功能。一次调频退出，AGC 功能投入。

对于火电机组来说，一次调频控制的对象是锅炉内的蓄热，二次调频控制的对象是修改发电机的有功出力给定值；而对于储能系统来说，一次调频与二次调频的控制对象是一样的，都是下指令给电池的功率与容量控制系统，然后输出所需的功率。

按说控制对象一样，就可采用一个控制策略，但若都采用一次调频的控制策略，功率偏差值是由频率偏差值换算来的，结果比较粗略，而且脱离了调度的优化配置与宏观调控。但是由调度下发指令，响应周期长，而一次调频则需要快速的反应，进行功率的变化控制，因此就地控制能节省很多的时间，有利于电网频率的稳定与恢复。因此，采用传统的控制方式（即一次调频进行就地控制，二次调频由调度远方调控）是有它的合理性的。

尤其储能系统扮演的是辅佐传统调频机组进行一次、二次调频的角色，与传统调频机组进行同类型的控制策略也有利于合理的经济调度。

6.4.3　电池储能系统容量控制设计

由于要求在一次调频中功率输出稳定时间为 40s 左右，在二次调频中功率输出稳定时间为近 3min，因此，二次调频对储能系统容量的要求会大得多。因此，相比较一次、二次调频，更需要在二次调频中对储能系统的容量进行控制。

对电池储能系统容量控制的目的是保证二次调频时功率输出的可靠性。控制

的目标是在需要储能系统以额定功率放电时，有足够的容量保证功率稳定持续的输出 2min 30s；在需要储能系统以额定功率充电时，有足够的容量空间保证功率稳定持续的充电 2min 30s。也就是说，以额定功率充放电随时能满足上调频率与下调频率所需的容量要求。

对储能系统的容量控制分为调频时的控制与调频结束后的控制。

1）调频开始时，电池储能系统的电池容量处于 50% SOC 处。当电网频率上升，储能系统进行下调频率控制，从电网吸收有功功率以响应电网频率信号或 AGC 信号；当电网频率下降，储能系统进行上调频率控制，释放有功功率至电网以响应频率变化信号或 AGC 信号，如图 6-4 所示。

2）每次调频结束后，在不影响电网频率越过调频死区的情况下，对电池的容量进行调整，要保持电池容量处于 50% SOC 处，为下一次的调频做好准备，以满足频率上调或频率下调的需要。也就是说，调频结束后若电池容量大于 50% SOC，则储能系统小功率地对电网进行放电，至电池容量为 50% SOC 时结束；调频结束后若电池容量小于 50% SOC，则储能系统小功率从电网吸收功率，至电池容量为 50% SOC 时结束。

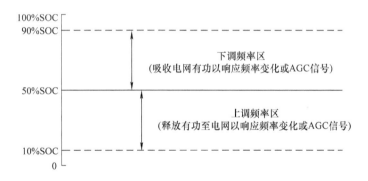

图 6-4　上、下调频区图

6.5　小结

本章以某常规火电厂一台 200MW 机组为例，探讨了应用电池储能系统替代其进行调频的可行性，并根据实际应用情况对替代后的一次、二次调频回路、协联策略和应用方案进行了设计。

第 7 章

电池储能调频运行
评估技术

7.1 电池储能调频控制系统的调试

电力系统的一次、二次调频是一项复杂的系统工程，储能系统参与电力调频又是一项新的应用，技术要求高，又涉及储能与电网两方，为使设备和系统能发挥预期作用，调试是不可或缺的工作。只有合理地安排和高质量地完成储能系统的一次、二次调频控制系统的调试工作，才能给工程的实施带来圆满的结果。

调试工作主要包括确定项目、制定方案、安排人员、进行调试和编写报告等内容。

7.1.1 储能一次调频控制系统调试

对电池储能系统一次调频控制系统调试的主要目的是测试储能系统的控制器和电池能否快速且可靠地满足电网频率变化的需要。对于储能系统，进行一次调频的是对频率或负荷变化进行响应、对储能系统的输出输入功率与容量进行控制的控制器。

一次调频要求储能系统能对越过动作死区的频率变化进行精确的响应，并将其转化成功率变化信号。在其功率与容量的调节范围内，控制器的输入与储能系统功率的输出呈线性关系。当控制器按整定的功率和容量进行控制时，对电池等带来的影响应当在允许的范围内。当功率要求和容量范围超限或控制系统故障时，相关的控制保护能正确动作。

1. 调试项目

调试项目包括储能系统的调试、储能控制系统的现场调试、储能控制系统对频率变化时的响应能力的调试，控制器对频率变化转换成功率变化值的换算调试等。控制试验分下面几个阶段进行：

（1）储能系统控制器与电池的调试

储能系统控制器对于储能系统来说就是功率与容量协调控制系统。试验其控制系统和电池是否能满足一次调频中对功率调节的要求。

（2）储能系统对频率变化响应能力的调试

试验储能系统控制器能否对频率变化信号进行快速而可靠的响应，能否将其转换成对应的功率变化信号。

2. 调试目的

测试储能系统一次调频控制器是否满足频率变化的要求，主要包括以下内容：

1）储能系统控制器能正确接收转换的功率控制信号，且在其调节范围内，控制器的功率输入与储能系统的功率输出呈线性关系。

2）控制器按整定的额定功率和容量范围进行控制时，电池的功率、容量和温度等参数在允许的范围内波动。

3）控制器保护措施严密，当储能系统功率输出超出调节范围、容量大小超出调节范围或控制系统故障时，相关控制保护正确动作。

4）调频结束后，在对电网频率造成的波动不越过死区的情况下，储能系统容量是否能逐步调回50%SOC的设定值。

3. 试验内容

1）储能系统的功率与容量协调控制置于"当地控制"方式，测试储能系统功率与容量的调节范围、在以额定功率充放电且容量不越限情况下的可持续时间、电池电压的变化范围、电池温度变化情况等是否越限。

按表7-1设置的功率整定值增量，每点间隔20s，连续增加，记录储能系统的功率变化变化情况。

表7-1　储能系统功率与容量手动调节试验

功率整定值增量（%P_e）	20%SOC	40%SOC	50%SOC	60%SOC	80%SOC
对应功率设定值/MW					
储能系统实际功率/MW					

2）模拟频率变化输出，测试控制器对频率变化信号接收的准确性与可靠性，并将频率变化信号转换成负荷变化信号的精确度记录于表7-2中。

表7-2　频率变化与功率变化对应表

频率变化量/Hz	对应的功率变化量/MW	理论计算的功率变化量/MW

3）测试控制装置的输入信号越限或中断保护。

7.1.2　储能二次调频控制系统调试

对储能系统二次调频控制系统调试的主要目的是测试储能系统的控制器和电池能否满足AGC的要求。对于储能系统，控制器就是对储能系统的功率与容量进行控制的。

AGC要求储能系统能正确接收主站的控制信号，在其功率与容量的调节范围内，控制器的输入与储能系统功率的输出呈线性关系。当控制器按整定的功率和容量进行控制时，对电池等带来的影响应当在允许的范围内；当功率要求和容量范围超限或控制系统故障时，相关的控制保护能正确动作。

1. 调试项目

调试项目包括储能系统的调试、储能控制系统的现场调试、RTU-储能系统的调试、通道信号测试、SCADA系统的线性度试验和储能控制系统的联调。控制试验分下面几个阶段进行：

（1）储能系统控制器与电池的调试

储能系统控制器对于储能系统来说就是功率与容量协调控制系统。试验其控制系统和电池是否能满足 AGC 调节的要求。

（2）RTU 与 PLC 接口调试

这一调试工作由 AGC 试验人员在电厂端的储能系统处进行。调试时，可采用 RTU 仿真器设备作为 RTU 的输出控制信号，相当于 AGC 发出的控制命令。在试验时，应检查试验的接口信号是否对应，路径是否开通，RTU 的输出与储能系统控制器的输入是否呈线性关系。从主站的 SCADA 系统，发出遥调控制信号，测试主站到 RTP 及机组控制设备之间的下行信号是否稳定与准确，RTU 及储能控制系统收到的信号是否准确。

（3）AGC 闭环调试

这一调试工作通过调度中心主站与 AGC 软件进行。通过设置一定的控制方式、控制曲线来检测参加 AGC 的储能系统的控制性能是否满足控制技术要求。控制性能包括储能系统的响应速度、响应延迟时间、控制灵敏度、储能系统的过调/欠调情况等。据此获得储能系统与主站合理的控制参数。

2. 调试目的

测试储能系统控制器和机组是否满足 AGC 的要求，主要内容包括：

1）储能系统控制器能正确接收主站的控制信号，并在其调节范围内，控制器的功率输入与储能系统的功率输出呈线性关系。

2）控制器按整定的额定功率和容量范围进行控制时，检测电池的功率、容量和温度等参数是否在允许的范围内波动。

3）控制器保护措施严密，当储能系统功率输出超出调节范围、容量大小超出调节范围或控制系统故障时，相关控制保护正确动作。

4）调频结束后，在对电网频率造成的波动不越过死区的情况下，储能系统容量是否能逐步调回 50% SOC 的设定值。

5）储能系统 AGC 设备的功能和参数满足设计要求，运行稳定，具备进行 AGC 单系统闭环调试的条件。

3. 试验内容

1）储能系统的功率与容量协调控制置于"当地控制"方式，测试储能系统功率与容量的调节范围、以额定功率充放电且容量不越限的情况下可持续的时间、电池电压的变化范围、电池温度变化情况等是否越限。

① 储能系统的功率与容量协调控制置于"当地控制"方式，以额定功率充电或放电，且在保证储能系统容量不越限的情况下，测试可持续的充电或放电时间，电池电压及电压温度是否正常，并记录于表 7-3 中。

表 7-3　储能系统充放电试验表

试验操作	持续时间	电池电压	电池温度
持续充电			
持续放电			

② 按表 7-4 设置的功率整定值增量，每点间隔 20s，连续增加，记录储能系统的功率变化、容量变化情况。

表 7-4　储能系统功率与容量手动调节试验

功率整定值增量（%P_e）	20% SOC	40% SOC	50% SOC	60% SOC	80% SOC
对应功率设定值/MW					
储能系统实际功率/MW					
储能系统实际容量/MWh					
储能系统理论计算容量/MWh					

③ 调频结束后，在对电网频率造成的波动不越过死区的情况下，检测储能系统容量是否能逐步调回 50% SOC 的设定值。

2）模拟 RTU 输出，测试遥调接口的正确性：试验内容设计与火电机组的 AGC 的试验内容相同。

3）测试控制装置的输入信号越限或中断保护。

7.2　电池储能系统调频控制性能评价

储能系统进行一次、二次调频的效果与性能如何，需与被替代的 200MW 火电机组的调频效果与性能进行比较，主要包括

1）一次调频中对容量欠额情况的分析比较。

2）二次调频中对 AGC 功率指令的跟踪追随情况的分析比较。

如果在一次调频中，储能系统能解决火电机组所存在的一次调频量明显不足的问题，则储能系统就能减少一次调频的无差调节程度，减轻二次调频的压力，有利于电网频率的恢复与稳定。

在二次调频中，若储能系统跟踪追随调度 AGC 指令的精确程度远远高于火电机组的话，则能

1）减少电网对调频的需求。

2）减少因火电机组反向调节而造成的能源的浪费。

3）减少电力系统中的旋转备用容量。

7.3 市场风险评估

"十三五"期间，储能技术将开始逐步商业化。从目前来看，影响我国储能调频系统投资市场的主要风险因素体现在以下几个方面。

7.3.1 政策风险

在推动储能调频系统发展方面，我国政策仍处在初期阶段，具体考核办法比较明确，但推动力不够，缺乏细化的技术发展路线图，政策的递进性，以及可持续性难以保障。

在示范项目建设方面，各项目之间关联性少，不利于项目之间的互相验证、对比，同时对一种储能技术的试验研究缺乏持续性、连续性。示范项目的作用和效果还有待通过政策明确和加强。新型储能示范项目缺乏跟踪和及时反馈，没有明确的电价和成本核算、成本回收等方案。

在财政补贴方面，目前有关储能调频系统的政策、办法落实的省份还比较少，部分省份缺乏财政实施计划（如步骤、进度和限额控制等）。在储能相关政策中，有关补贴的多变性、模糊性也都难以达到所设想的目标和效果。另外，示范项目政策中还应再细化投资成本，考虑示范项目后期产出及其运维需要、试验期满后实行商业运行获利等一系列问题，使项目能发挥长远效益。

7.3.2 技术风险

由于我国工业基础薄弱、装备制造业等水平总体上较落后，因此，还需要重视技术的原始创新，重视基础研究，促进和加大储能技术研发，坚持不懈、持之以恒地解决核心技术瓶颈，促进储能技术的发展。同时也要进一步提高我国工业发展和装备制造业等基础产业的水平。

能够参与调频的储能产业主要技术瓶颈有：飞轮储能的高速电机、高速轴承和高强度复合材料等关键技术尚未实现突破；化学电池储能中关键材料制备与批量化/规模技术，特别是电解液、离子交换膜、电极、模块封装和密封等与国际先进水平仍有明显差距；超级电容器中高性能材料和大功率模块化技术，以及超导储能中高温超导材料等尚未实现突破。另外，一些新型储能技术的研究和知识产权布局没有得到足够的重视和支持。

从技术角度来看，关键材料、制造工艺和能量转化效率是储能技术面临的共同挑战，在规模化应用中还要进一步解决稳定性、可靠性、耐久性的问题，一些重大技术瓶颈还需要持之以恒地解决。另外，国内精密材料、高端前沿材料的加工工艺与美国、日本差距很大，同时商用产品的开发技术也是短板。

7.3.3 标准体系风险

标准是技术实现产业化的基础，也是支持行业健康发展的重要因素。国内外储能调频系统的标准尚处于探索阶段，数量较少，标准体系的建立刚刚起步。各个国家都在积极制定储能辅助服务标准，我国也应加快储能辅助服务相关标准的制定工作，紧跟国际标准的步伐，在国际标准中争取更多话语权，争取将我国的技术、示范项目技术成果纳入国际标准中，避免出现标准滞后于市场的现象。

由于相关技术标准的缺失，储能调频系统在生产和应用等各个环节（如储能装置的接入位置、招投标、制造、验收、接入试验与调试、设备交接以及运行维护等方面）存在诸多不便。我国在储能调频领域已经开展了一定的科研与示范，具有了一定的技术积累与应用经验，但还不具备建立储能调频标准体系的基本条件。制定储能调频系统产业链各个环节的技术标准，推动储能调频技术标准化建设工作，是实现储能调频产业工程化应用的先决条件。

7.4 小结

本章主要介绍了电池储能系统辅助/替代传统火电机组调频工程的调试、控制性能评价及市场风险评估，对储能系统与传统调频机组调频的效果、可靠性等展开了分析与讨论。

参 考 文 献

［1］PUTTGEN H B, MACGREGOR P R, LAMBERT F C. Distributed generation semantic hype or the dawn of a new era ［J］. IEEE Power and Magazine, 2003, 1（1）: 19 – 22.

［2］2020 Strategic analysis of energy storage in California ［R］. 2011.

［3］赵婷, 戴义平, 高林. 多区域电网一次调频能力分布对电网安全稳定运行的影响 ［J］. 中国电力, 2006, 39（5）: 18 – 22.

［4］WALAWALKAR R, APT J, MANCINI R. Economics of electric energy storage for energy arbitrage and regulation in New York ［J］. Energy Policy, 2007, 35（4）: 2558 – 2568.

［5］杨水丽, 李建林, 李蓓, 等. 电池储能系统参与电网调频的优势分析 ［J］. 电网与清洁能源, 2013, 29（2）: 43 – 47.

［6］陈大宇, 张粒子, 王澍, 等. 储能在美国调频市场中的发展及启示 ［J］. 电力系统自动化, 2013, 37（1）: 9 – 13.

［7］程时杰, 文劲宇, 孙海顺. 储能技术及其在现代电力系统中的应用 ［J］. 电气应用, 2005, 24（4）: 1 – 8.

［8］ELENA SAIZ – MARIN. Econnomic Assessment of the Participation of Wind Generation in the Secondary Regulation Market ［J］. IEEE Transactions on Power Systems, 2012, 27（2）: 866 – 874.

［9］JANICE LIN, GIOVANNI DAMATO, POLLY HAND. Energy Storage – A Cheaper, Faster & Cleaner Alternative to Conventional Frequency Regulation ［R］. Strategen, CESA, 2011: 1 – 15.

［10］ZIYAD M SALAMEH, MARGARET A CASACCA, William A. Lynch. A Mathematical Model for Lead – Acid Batteries ［J］. IEEE Transactions on. Energy Conversion, 1992, 7（1）: 93 – 98.

［11］KOTTICK D, BALU M, EDELSTEIN D. Battery Energy Storage for Frequency Regulation in an Island Power System ［J］. IEEE Transactions on Energy Conversion, 1993, 8（3）: 455 – 459.

［12］JAYAKRISHNAN RADHAKRISHNA PILLAI, BIRGITTE BAK – JENSEN. Integration of Vehicle – to – Grid in the Western Danish Power System for Frequency Regulation in an Island Power System ［J］. IEEE Transactions on Sustainable Energy, 2011, 2（1）: 12 – 19.

［13］陈大宇, 张粒子, 王澍, 等. 储能在美国调频市场中的发展及启示 ［J］. 电力系统自动化, 2013, 37（1）: 9 – 13.

［14］陆志刚, 王科, 刘怡, 等. 深圳宝清锂电池储能电站关键技术及系统成套设计方法 ［J］. 电力系统自动化, 2013, 37（1）: 65 – 69.

［15］GRBOVIC P J, DELARUE P, Le MOIGNE P, et al. A bidirectional three – level DC – DC converter for the ultracapacitor applications ［J］. IEEE Transactions on Industrial Electronics, 2010, 57（10）: 3415 – 3430.

［16］SPYKER R I, NELMS R M, MERRYRNAN S I. Evaluation of double layer capacitor for power electronic application ［C］. APEC Conference Proceedings, 1996: 725 – 730.

[17] 赵洋，梁海泉，张逸成. 电化学超级电容器建模研究现状与展望 [J]. 电工技术学报，2012，27 (3)：188 – 195.

[18] 张双乐，李鹏，陈超，等. 智能电网中微网控制中心的应用研究 [J]. 陕西电力，2012 (9)：1 – 4，23.

[19] MADUREIRA A, MOREIRA C, PECAS L J. Secondary load – frequency control for micro grids in islanded operation [C]. International Conference on Renewable Energy and Power Quality. Palma, Spain, 2005.

[20] BOSE S, LIU Y, BABEI – ELDIN K, et al. Tieline controls in microgrid applications [C] // iREP Symposium – Bulk Power System Dynamics and Control – VII, Revitalizing Opera – tional Reliability. Charleston, USA, 2007.

[21] GUERRERO J M, DE VICUNA L G, MATAS J, et al. A wirelesscontroller to enhance dynamic performance of parallel inverters in distributed generation systems [J]. IEEE Transactions on Power Electronics, 2004, 19 (5)：1205 – 1213.

[22] MOHAMED Y, E1 – SAADANY E F. Adaptive decentralized droop controller to preserve power sharing stability of paralleled inverters in distributed generation microgrids [J]. IEEE Transactions on Power Electronics, 2008, 23 (6)：2806 – 2816.

[23] 韩肖清，曹增杰，杨俊虎，等. 风光蓄交流微电网的控制与仿真 [J]. 电力系统自动化学报，2013，25 (3)：50 – 55.

[24] 张靠社，亓婷. 微电网中并列运行逆变器控制策略研究 [J]. 电网与清洁能源，2012，28 (10)：74 – 77.

[25] 刘梦欣，王杰，陈陈. 电力系统频率控制理论与发展 [J]. 电工技术学报，2007，22 (11)，136 – 145.

[26] 赵婷，戴义平，高林. 多区域电网一次调频能力分布对电网安全稳定运行的影响 [J]. 中国电力，2006，39 (5)：18 – 22.

[27] 戴义平，赵婷，高林. 发电机组参与电网一次调频的特性研究 [J]. 中国电力，2006，39 (11)：37 – 41.

[28] 赵攀，戴义平，常树平. 河北南网一次调频特性研究 [J]. 中国电力，2008，41 (7)：5 – 10.

[29] Prabha Kundur. 电力系统稳定与控制 [M]. 北京：中国电力出版社，2002：389 – 410.

[30] 刘乐，刘娆，李卫东. 互联电网频率调节动态仿真系统的研制 [J]. 电网技术，2009，33 (7)：36 – 41.

[31] ALEXANDRE OUDALOV, DANIEL CHARTOUNI. Optimizing a Battery Energy Storage System for Primary Frequency Control [J]. IEEE Transactions on power systems, 2007, 22 (3)：1259 – 1266.

[32] MEREIER P, CHERKAOUI R, OUDALOV A. Optimizing a battery energy storage system for frequency control application in an isolated power system [J]. IEEE Trans. on Power Systems. 2009, 24 (3)：1469 – 147.

[33] KOTTICK D, BALU M, EDELSTEIN D. Battery Energy Storage for Frequency Regulation in an

Island Power System ［J］. IEEE Transactions on Energy Conversion, 1993, 8 (3): 455 –459.

［34］胡泽春, 谢旭, 张放, 等. 含储能资源参与的自动发电控制策略研究 ［J］. 中国电机工程学报, 2014, 34 (29): 5080 –5087.

［35］ALEXANDRE OUDALOV, DANIEL CHARTOUNI. Optimizing a Battery Energy Storage System for Primary Frequency Control ［J］. IEEE Transactions on power systems, 2007, 22 (3): 1259 –1266.

［36］KOTTICK D, BALU M, EDELSTEIN D. Battery Energy Storage for Frequency Regulation in an Island Power System ［J］. IEEE Transactions on Energy Conversion, 1993, 8 (3): 455 –459.

［37］MEREIER P, CHERKAOUI R, OUDALOV A. Optimizing a battery energy storage system for frequency control application in an isolated power system ［J］. IEEE Transactions on Power Systems. 2009, 24 (3): 1469 –147.

［38］PECAS LOPES J A, ROCHA ALMEIDA P M, F. J. Soares. Using vehicle to grid to maximize the integration of intermittent renewable energy resources in Islanded electric grid ［C］ //Proc of International Conference on Clean Electrical Power (ICCEP), Power Renewable Energy Resources Impact. Capri, Italy, 2009: 290 –295.

［39］ROCHA ALMEIDA P M, PECAS LOPES J A, SOARES F J. Electric vehicles participating in frequency control: Operating islanded systems with large penetration of renewable power sources ［C］ //Proc of IEEE Power Tech. Trondheim, Norway, 2011: 1 –6.

［40］OTA Y, TANIGUCHI H, NAKAJIMA T, et al. Autonomous distributed V2G (vehicle – to – grid) considering charging request and battery condition ［C］. //Proc of IEEE PES Innovative Smart Grid Technol. Conf. Europe. 2010: 1 –6.

［41］OTA Y, TANIGUCHI H, NAKAJIMAET T, et al. Autonomous distributed V2G (vehicle – to – grid) satisfying scheduled charging ［J］. IEEE Transactions Smart Grid, 2012, 3 (1): 559 –564.

［42］HUI LIU, ZECHUN HU, YONGHUA SONG, et al. Decentralized vehicle – to – grid control for primary frequency regulation considering charging demands ［J］. IEEE Transactions on Power Systems, 2013, 28 (3): 3480 –3489.

［43］HUI LIU, ZECHUN HU, YONGHUA SONG, et al. Decentralized vehicle – to – grid control for primary frequency regulation considering charging demands ［J］. IEEE Transactions on Power Systems, 2013, 28 (3): 3480 –3489.

［44］LU N, WEIMAR M R, MAKAROV Y V, et al. The Wide – Area Energy Storage and Management System – Battery Storage Evaluation ［R］. Richland, 2009: 15 –16.

［45］杨裕生, 程杰, 曹高萍. 规模储能装置经济效益的判据 ［J］. 电池, 2011, 41 (1): 19 –21.

［46］李丹, 梁吉, 孙荣富, 等. 并网电厂管理考核系统中 AGC 调节性能补偿措施 ［J］. 电力系统自动化, 2010, 34 (4): 107 –111.

［47］刘力静, 安向阳, 唐早, 等. 考虑分布式发电增长模式的电池储能系统多阶段容量配置方法 ［J］. 南方电网技术, 2016, 10 (6): 54 –61.

[48] 李振文, 颜伟, 刘伟良, 等. 变电站扩容和电池储能系统容量配置的协调规划方法 [J]. 电力系统保护与控制, 2013 (15): 89 – 96.

[49] 马美婷, 袁铁江, 陈广宇, 等. 储能参与风电辅助服务综合经济效益分析 [J]. 电网技术, 2016, 40 (11): 3362 – 3367.

[50] 陈根军, 唐国庆. 基于禁忌搜索与蚁群最优结合算法的配电网规划 [J]. 电网技术, 2005, 29 (2): 23 – 27.

[51] 盛四清, 王浩. 用于配电网规划的改进遗传算法 [J]. 电网技术, 2008, 32 (17): 69 – 72.

[52] 王健, 王昆, 陈全世. 风力发电和飞轮储能联合系统的模糊神经网络控制策略 [J]. 系统仿真学报, 2007, 19 (17): 4017 – 4020.

[53] 高炜欣, 罗先觉, 朱颖. 贪心算法结合 Hopfield 神经网络优化配电变电站规划 [J]. 电网技术, 2004, 28 (7): 73 – 76.

[54] 吴小刚, 刘宗歧, 田立亭, 等. 基于改进多目标粒子群算法的配电网储能选址定容 [J]. 电网技术, 2014, 38 (12): 3405 – 3411.

[55] RAHMAN M H, YAMASHIRO S. Novel distributed power generating system of PV – ECaSS using solar energy estimation [J]. IEEE Transactions on Energy Conversion, 2007, 22 (2): 358 – 367.

[56] 王成山, 于波, 肖峻, 等. 平滑可再生能源发电系统输出波动的储能系统容量优化方法. 中国电机工程学报, 2012, 32 (16): 1 – 8.

[57] ASAO T, TAKAHASHI R, MURATA T, et al. Evaluation method of power rating and energy capacity of Superconducting magnetic energy storage system for output smoothing control of wind farm [C] //Proc of 18th International Conference on Electrical Machines (ICEM). Vilamoura, 2008: 1 – 6.

[58] LIANG L, LI J L, HUI D, et al. An optimal energy storage capacity calculation method for 100MW wind farm [C] //Proc of International Conference on Power System Technology (POWERCON). Hangzhou, 2010: 1 – 4.

[59] BREKKEN T K A, YOKOCHI A, VON JOUANNE A, et al. Optimal Energy Storage Sizing and Control for Wind Power Applications [J]. IEEE Transactions on Sustainable Energy, 2011, 2 (1): 69 – 77.

[60] 曾杰. 可再生能源发电与微网中储能系统的构建与控制研究 [D]. 武汉: 华中科技大学, 2009: 85 – 94.

[61] 王承民, 孙伟卿, 衣涛, 等. 智能电网中储能技术应用规划及其效益评估方法综述 [J]. 中国电机工程学报, 2013, 33 (7): 33 – 41.

[62] YANG H X, ZHOU W, LOU C Z. Optimal design and techno – economic analysis of a hybrid solar – wind power generation system [J]. Applied Energy, 2009, 86 (2): 163 – 169.

[63] YANG H X, ZHOU W, LU L, et al. Optimal sizing method for stand – alone hybrid solar – wind system with LPSP technology by using genetic algorithm [J]. Solar Energy, 2008, 82 (4): 354 – 367.

［64］ASANO H，WATANABE H，BANDO S．Methodology to design the capacity of a microgrid. ［C］//Proc of IEEE International Conference on System of Systems Engineering（SoSE）．San Antonio，TX，2007：1－6.

［65］LI Q，CHOI S S，YUAN Y，et al．On the determination of battery energy storage capacity and short－term power dispatch of a wind farm［J］．IEEE Transactions on Sustainable Energy，2011，2（2）：148－158.

［66］向育鹏，卫志农，孙国强，等．基于全寿命周期成本的配电网蓄电池储能系统的优化配置［J］．电网技术，2015，39（1）：264－270.

［67］HOLMBERG M T，LAHTINEN M，MCDOWALL J，et al．SVC light with energy storage for frequency regulation［C］//Proc of IEEE Innovative Technologies for an Efficient and Reliable Electricity Supply．Waltham，MA，2010：317－324.

［68］BORSCHE T，ULBIG A，KOLLER M，et al．Power and energy capacity requirements of storages providing frequency control reserves［C］//Proc of IEEE Power and Energy Society General Meeting．Vancouver，BC，2013：1－5.

［69］OTA Y，TANIGUCHI H，NAKAJIMA T，et al．Effect of autonomous distributed vehicle－to－grid（V2G）on power system frequency control［C］//Proc of IEEE 5th International Conference on Industrial and Information System．Mangalore，2010：481－485.

［70］LIANG L，ZHONG J，JIAO Z B．Frequency regulation for a power system with wind power and battery energy storage．［C］//Proc of IEEE International Conference on Power System Technology．Auckland，2012：1－6.

［71］FARES R L，MEYERS J P，WEBBER M E．A dynamic model－based estimate of the value of a vanadium redox flow battery for frequency regulation in Texas［J］．Applied Energy，2014，113：189－198.

［72］陆凌蓉，文福拴，薛禹胜，等．电动汽车提供辅助服务的经济性分析［J］．电力系统自动化，2013，37（14）：43－49.

［73］雷博．电池储能参与电力系统调频研究［D］．长沙：湖南大学，2014：5－10.

［74］高明杰，惠东，高宗和，等．国家风光储输示范工程介绍及其典型运行模式分析［J］．电力系统自动化，2013，37（1）：59－64.

［75］刘维烈．电力系统调频与自动发电控制［M］．北京：中国电网出版社，2006：3－88.

［76］FARES R L，MEYERS J P，WEBBER M E．A dynamic model－based estimate of the value of a vanadium redox flow battery for frequency regulation in Texas［J］．Applied Energy，2014，113：189－198.

［77］MOSAAD M I，SALEM F．LFC based adaptive PID controller using ANN and ANFIS techniques［J］．Journal of Electrical Systems and Information Technology，2014，1（3）：212－222.

［78］吴云亮，孙元章，徐箭，等．基于多变量广义预测理论的互联电力系统负荷－频率协调控制体系［J］．电工技术学报，2012，27（9）：101－107.

［79］姚伟，文劲宇，孙海顺，等．考虑通信延迟的分散网络化预测负荷频率控制［J］．中国电机工程学报，2013，33（1）：84－92.

［80］PRAKASH S, SINHA S K. Simulation based neuro – fuzzy hybrid intelligent PI control approach in four – area load frequency control of interconnected power system ［J］. Applied Soft Computing, 2014, 23: 152 – 164.

［81］SAXENA S, HOTE Y V. Load frequency control in power system via internal model control scheme and model – order reduction ［J］. IEEE Transactions on Power System, 2013, 28（3）: 2749 – 2757.

［82］YOUSEF H A, AL – KHARUSI K, ALBADI M H, et al. Load frequency control of a multi – Area power system: an adaptive fuzzy logic approach ［J］. IEEE Transactions on Power Systems, 2014, 29（4）: 1822 – 1830.

［83］叶荣, 陈皓勇, 娄二军. 基于微分博弈理论的频率协调控制方法 ［J］. 电网系统自动化, 2011, 35（20）: 41 – 46.

［84］HAN Y, YOUNG P M, JAIN A, et al. Robust control for microgrid frequency deviation reduction with attached storage system ［J］. IEEE Transactions on Smart Grid, 2015, 6（2）: 557 – 565.

［85］GOYA T, OMINE E, KINJYO Y, et al. Frequency control in isolated island by using parallel operated battery systems applying H∞ control theory based on droop characteristics ［J］. Renewable Power Generation Iet, 2011, 5（2）: 160 – 166.

［86］ZHU D H, HUG – GLANZMANN G. Coordination of storage and generation in power system frequency control using an H∞ approach ［J］. IET Generation, Transmission & Distribution, 2013, 7（11）: 1263 – 1271.

［87］丁冬, 刘宗歧, 杨水丽, 等. 基于模糊控制的电池储能系统辅助 AGC 调频方法 ［J］. 电力系统保护与控制, 2015, 43（8）: 81 – 87.

［88］KHALID M, SAVKIN A V. An optimal operation of wind energy storage system for frequency control based on model predictive control ［J］. Renewable Energy, 2012, 48: 127 – 132.

［89］JIN C L, LU N, LU S, et al. A coordinating algorithm for dispatching regulation services between slow and fast power regulating resources ［J］. IEEE Transactions on Smart Grid, 2014, 5（2）: 1043 – 1050.

［90］LU Q Y, HU W, MIN Y, et al. Wide – area coordinated control of large scale energy storage system. ［C］//Proc of IEEE International Conference Power System Technology（POWERCON）. Auckland, 2012: 1 – 5.

［91］田培根, 肖曦, 丁若星, 等. 自治型微电网群多元复合储能容量配置方法 ［J］. 电力系统自动化, 2013, 37（1）: 168 – 173.

［92］熊雄, 王江波, 杨仁刚, 等. 微电网中混合储能模糊自适应控制策略 ［J］. 电网技术, 2015, 39（3）: 677 – 681.

［93］吴振威, 蒋小平, 马会萌, 等. 用于混合储能平抑光伏波动的小波包 – 模糊控制 ［J］. 中国电机工程学报, 2014, 34（3）: 317 – 324.

［94］CHIA Y Y, LEE L H, SHAFIABADY N, et al. A load predictive energy management system for supercapacitor – battery hybrid energy storage system in solar application using the Support Vector

Machine［J］. Applied Energy, 2015, 137: 588 – 602.

［95］DANG J, SEUSS J, SUNEJA L, et al. SOC feedback control for wind and ESS hybrid power system frequency regulation［J］. IEEE Journal of Emerging and Selected Topics in Power Electronics, 2014, 2（1）: 79 – 86.

［96］DATTA M, SENJYU T. Fuzzy control of distributed PV inverters/energy storage systems/electric vehicles for frequency regulation in a large power system［J］. IEEE Transactions on Smart Grid, 2013, 4（1）: 479 – 488.

［97］KENNEL F, GORGES D, LIU S. Energy management for smart grids with electric vehicles based on hierarchical MPC［J］. IEEE Transactions on Industrial Informatics, 2013, 9（3）: 1528 – 1537.

［98］ROCHA ALMEIDA P M, PECAS LOPES J A, SOARES F J, etal. Electric Vehicles Participating in Frequency Control: Operating Islanded Systems with Large Penetration of Renewable Power Sources［C］//Powertech. Trondheim, Norway, 2011: 1 – 6.

［99］OTA Y, TANIGUCHI H, NAKAJIMA T, et al. Autonomous distributed V2G（vehicle – to – grid）satisfying scheduled charging［J］. IEEE Transactions on Smart Grid. 2012, 3（1）: 559 – 564.

［100］刘巨, 姚伟, 文劲宇. 一种基于储能技术的风电场虚拟惯量补偿策略. 中国电机工程学报, 2015, 35（7）: 1596 – 1605.

［101］娄素华, 易林, 吴耀武, 等. 基于可变寿命模型的电池储能容量优化配置. 电工技术学报, 2015, 30（4）: 265 – 271.

［102］胡寿松. 自动控制原理［M］. 5 版. 北京: 科学出版社, 2007: 71 – 73.

［103］AGHAMOHAMMADI M R, ABDOLAHINIA H. A new approach for optimal sizing of battery energy system for primary frequency control of islanded Microgrid［J］. Electrical Power and Energy Systems, 2014, 54: 325 – 333.

［104］滕贤亮, 高宗和, 朱斌, 等. 智能电网调度控制系统 AGC 需求分析及关键技术［J］. 电力系统自动化, 2015（39）81 – 87.

［105］黄韬, 王坚, 南方电网频率控制性能标准考核方法探讨［J］. 南方电网技术, 2012（6）: 34 – 37.

［106］谈超, 戴则梅, 滕贤亮, 等. 北美频率控制性能标准发展分析及其对中国的启示［J］. 电力系统自动化, 2015（39）: 1 – 7.

［107］王坚, 张坤, 张昆, 黄乐. 南方电网现时自动发电控制模式分析［J］. 南方电网技术, 2010（6）: 40 – 44.

［108］NorthAmerican Electric Reliability Council（NERC）. Control Performance Criteria Training Document［EB/OL］. http: //www. nerc. com.

［109］南方电网. 南方电网联络线功率与系统频率偏差控制与考核管理办法［Z］. 2005.

［110］Electric Power Research Institute: Electrical energy storage technology options［R］. 2010.

［111］LIANG L, HOU Y, HILL D J. Design guidelines for MPC – based frequency regulation for islanded microgrids with storage, voltage, and ramping constraints［J］. IET Renewable Power Generation 2017（11）：1200－1210.

[112] MANWELL J F, MCGOWAN J G. Lead Acid Battery Storage Model for Hybrid Energy Systems [J]. Solar Energy, 1993, 50,（5）：399－405.

[113] RAWLINGS J B, MAYNE D Q. Model predictive control：Theory and design [M]. New York：Nob Hill Pub, 2009.

[114] 陈达鹏, 荆朝霞. 美国调频辅助服务市场的调频补偿机制分析 [J]. 电力系统自动化, 2017（41）：1－9.

[115] 李军徽, 张嘉辉, 胡达理, 等. 多属性多目标储能系统工况适用性对比分析方法 [J]. 电力建设, 2018, 39（4）：2－8.

[116] 李建林, 郭斌琪, 牛萌, 等. 风光储系统储能容量优化配置策略 [J]. 电工技术学报, 2018, 33（6）：1189－1196.

[117] 杨水丽, 侯朝勇, 许守平, 等. 基于时间序列关联聚类的储能电池典型工况曲线提炼 [J/OL]. 电力系统自动化.

[118] 杨锡运, 张璜, 修晓青, 等. 基于商业园区源/储/荷协同运行的储能系统多目标优化配置 [J]. 电网技术, 2017, 41（12）：3996－4003.

[119] 刘大贺, 韩晓娟, 李建林. 基于光伏电站场景下的梯次电池储能经济性分析 [J]. 电力工程技术, 2017, 36（6）：27－31, 77.

[120] 孙冰莹, 刘宗歧, 杨水丽, 等. 补偿度实时优化的储能－火电联合 AGC 策略 [J]. 电网技术, 2018, 42（2）：426－436.

[121] 马会萌, 李蓓, 李建林, 等. 面向经济评估的电池储能系统工况特征量嵌入性研究 [J]. 电力系统保护与控制, 2017, 45（22）：70－77.

[122] 李建林, 靳文涛, 徐少华, 等. 用户侧分布式储能系统接入方式及控制策略分析 [J]. 储能科学与技术, 2018, 7（1）：80－89.

[123] 李建林, 马会萌, 袁晓冬, 等. 规模化分布式储能的关键应用技术研究综述 [J]. 电网技术, 2017, 41（10）：3365－3375.

[124] 修晓青, 唐巍, 李建林, 等. 计及电池健康状态的源储荷协同配置方法 [J]. 高电压技术, 2017, 43（9）：3118－3126.

[125] 杨锡运, 刘玉奇, 李建林. 基于四分位法的含储能光伏电站可靠性置信区间计算方法 [J]. 电工技术学报, 2017, 32（15）：136－144.

[126] 孙冰莹, 杨水丽, 刘宗歧, 等. 国内外兆瓦级储能调频示范应用现状分析与启示 [J]. 电力系统自动化, 2017, 41（11）：8－16, 38.

[127] 李建林, 修晓青. 能源互联网中储能系统发展趋势分析 [J]. 电气应用, 2016, 35（16）：18－23.

[128] 张德隆, 李建林, 惠东. 基于模型预测控制的储能平抑光伏波动的控制策略 [J]. 电器与能效管理技术, 2016（14）：34－40.

[129] 李建林, 徐少华, 惠东. 百 MW 级储能电站用 PCS 多机并联稳定性分析及其控制策略综述 [J]. 中国电机工程学报, 2016, 36（15）：4034－4047.

[130] 韩晓娟, 赵泽昆, 谢志佳, 等. 基于 Butterfly 算法的大容量储能系统成组技术 [J]. 储

能科学与技术，2016，5（4）：551－557.

[131] 李建林，田立亭，来小康．能源互联网背景下的电力储能技术展望［J］．电力系统自动化，2015，39（23）：15－25.

[132] 李建林，籍天明，孔令达，等．光伏发电数据挖掘中的跨度选取［J］．电工技术学报，2015，30（14）：450－456.

[133] 李建林，杨水丽，高凯．大规模储能系统辅助常规机组调频技术分析［J］．电力建设，2015，36（5）：105－110.

[134] 丁冬，刘宗歧，杨水丽，等．基于模糊控制的电池储能系统辅助AGC调频方法［J］．电力系统保护与控制，2015，43（8）：81－87.

[135] 胡娟，杨水丽，侯朝勇，等．规模化储能技术典型示范应用的现状分析与启示［J］．电网技术，2015，39（4）：879－885.

[136] 吴小刚，刘宗歧，田立亭，等．基于改进多目标粒子群算法的配电网储能选址定容［J］．电网技术，2014，38（12）：3405－3411.

[137] 熊雄，杨仁刚，李建林．多元复合储能系统在含微电网配电网中的容量配比［J］．电力自动化设备，2014，34（10）：40－47.

[138] 杨水丽，李建林，惠东，等．用于跟踪风电场计划出力的电池储能系统容量优化配置［J］．电网技术，2014，38（6）：1485－1491.

[139] 丁冬，杨水丽，李建林，等．辅助火电机组参与电网调频的BESS容量配置［J］．储能科学与技术，2014，3（4）：302－307.

[140] 马会萌，李蓓，李建林，等．适用于集中式可再生能源的储容配置敏感因素分析［J］．电网技术，2014，38（2）：328－334.

[141] 靳文涛，马会萌，李建林，等．电池储能系统平抑光伏功率波动控制方法研究［J］．现代电力，2013，30（6）：21－26.

[142] 徐少华，李建林．光储微网系统并网/孤岛运行控制策略［J］．中国电机工程学报，2013，33（34）：25－33＋6.

[143] 熊雄，杨仁刚，叶林，等．电力需求侧大规模储能系统经济性评估［J］．电工技术学报，2013，28（9）：224－230.

[144] 靳文涛，李建林．电池储能系统用于风电功率部分"削峰填谷"控制及容量配置［J］．中国电力，2013，46（8）：16－21.

[145] 杨水丽，李建林，李蓓，等．电池储能系统参与电网调频的优势分析［J］．电网与清洁能源，2013，29（2）：43－47.

[146] 修晓青，李建林，惠东．用于电网削峰填谷的储能系统容量配置及经济性评估［J］．电力建设，2013，34（2）：1－5.

[147] 李建林．电池储能技术控制方法研究［J］．电网与清洁能源，2012，28（12）：61－65.

[148] 孔飞飞，晁勤，袁铁江，等．用于短期电网调度的风电场储能容量估算法［J］．电力自动化设备，2012，32（7）：21－24.

[149] 熊雄，袁铁江，杨水丽，等．基于电压稳定与限值的风/储系统容量配置［J］．电网与清洁能源，2012，28（4）：63－68.

[150] 骆妮, 李建林. 储能技术在电力系统中的研究进展 [J]. 电网与清洁能源, 2012, 28 (2): 71 - 79.

[151] 李建林, 徐少华. 直接驱动型风力发电系统低电压穿越控制策略 [J]. 电力自动化设备, 2012, 32 (1): 29 - 33.

[152] 梁亮, 李建林, 惠东. 光伏 - 储能联合发电系统运行机理及控制策略 [J]. 电力自动化设备, 2011, 31 (8): 20 - 23.

[153] 梁亮, 李建林, 惠东. 大型风电场用储能装置容量的优化配置 [J]. 高电压技术, 2011, 37 (4): 930 - 936.

[154] 杨水丽, 惠东, 李建林, 等. 适用于风电场的最佳电池容量选取的方法 [J]. 电力建设, 2010, 31 (9): 1 - 4.